書き込み式

はじめての土質力学

博士(工学) 藤原 覚太 【著】

コロナ社

土質力学の父

下のイラストは，土質力学の父テルツアギーである。著作権の関係で写真は掲載できないため，著者の手描きだが，これが画力の限界だ。是非本物をインターネットで確認してほしい。テルツアギーは，土のことなどさっぱりわからなかった時代に，土質力学という学問のかなりの部分をつくった。本書でもたびたび登場する。とにかくすごい人なので，名前くらいは知っておこう。

この人物の名前

①(　　　　　　　　)

ま　え　が　き

「日本一簡単な土質力学の教科書」が本書のコンセプトである。小難しい話はできるだけそぎ落としたため，もうこれ以上簡単な話は残っていない。本書のような教科書も必要だと考え，執筆に至ったしだいである。

本書では「書き込み式」を採用しており，書き込み箇所は本文中の図表と「章末問題」にある（図表の書き込み箇所には①，②，…などと番号を振っている）。本文をよく読めば答えが書いてあるので，書き込みながら理解を深めてほしい。また，章末問題には，「復習問題」，「基本問題」，「難問」，「公務員試験問題」があり，レベルの目安は以下のとおりだ。

復習問題：　本文（図表）の穴埋めと同じレベル。復習しよう。

基本問題：　とりあえず単位だけはとりたいレベル。計算問題を解いてみよう。

難問：　研究者志望の方向け。初見では難しいので，ほかの本も参考にしよう。

公務員試験問題：　公務員試験問題（問題例，類題含む）を掲載。志望者は解いてみよう。

なお，書き込み欄の答え，章末問題の解答はコロナ社の Web ページ[†1]に掲載しているので活用してほしい。

本書は以下のような方々を対象とする。

・勉強が苦手な方

本書では，基本事項のみ記載することを徹底した。見出しに★印を付けた項目は，難しいと感じるようであれば読み飛ばしても構わない。著者なりに，あの手この手で，わかりやすさを追求したつもりなので，気遅れすることなく取り組んでほしい。

・勉強が得意な方

もしかしたら，平易すぎて気が抜けるかもしれない。かなりの内容を切り捨てたため，正確さ・厳密さを欠いた面もあるといわざるをえない。不十分な点は，ほかの教科書を読んで補填してほしい。むしろ，ほかの教科書を学ぶ前のステップとして，本書はおおいに活躍するだろう。

また，土質力学の解説動画を YouTube にて公開している[†2]。是非活用してほしい。

著者が土質力学に出会ったのは，15 年以上前である。冒頭で紹介したテルツアギーが中心となってつくった学問だが，妙に語句が多かったり，筋道があるような，ないような，とにかく捉えにくかったことを覚えている。しかし一通り学んだ身としては，じつはそんなに学びづ

---

†1　本書の書籍詳細ページ（https://www.coronasha.co.jp/np/isbn/9784339052749/）を参照（コロナ社の Web ページから書名検索でもアクセス可能）。

†2　【角煮の土質力学】（https://www.youtube.com/channel/UCnACCydlMybQMpR1B6qZkZA）

らい科目でもないと考えている。このあたりの感覚を伝えたくて，「わかりやすさ」をコンセプトに執筆を決意したしだいである。

執筆中は，わかりやすくするため丁寧に，でもやりすぎると冗長になるという相反との格闘であった。いっそのことわかりにくくしようかなどと，ときにはコンセプトを見失いながらも，なんとか書き上げた一冊である。

著者としては渾身（こんしん）の一冊ではあるが，特にありがたがるような本でもない。一通り終えれば，資格試験に挑戦したり，現場で活躍したりと，早くつぎのステージに行ってほしい。そのときには，本書は鍋敷きにでもしてもらいたい。

最後に，執筆を勧めていただいた東海大学 工学部 杉山太宏 教授，細部にわたり丁寧に推敲いただいた技術職員の竹内義晴 様，試作段階で読んでくれた藤原研の学生の皆さん，そしてコロナ社の皆様に御礼申し上げる。

2021年2月

藤原 覚太

目　　　次

1. 土 の 緒 元

2. 土 中 の 水

3. 土 の 応 力

4. 圧　　密

5. 土 の 破 壊

6. 土　　圧

7. 斜面安定

8. 支　持　力

① 土　の　諸　元

まずは土質力学の「決まりごと」の習得である。英語でいうアルファベットであり，これればかりは知らないとつぎに進めない。とはいえ覚えることが多く，土質力学で脱落する人の大半はじつは本章である。すなわち，土質力学は最初のハードルが高いのである。裏を返せば，本章をマスターできれば，次章以降はずいぶん楽になるであろう。頻出語句のみ，絞りに絞ったので，なんとかマスターしてほしい。

1.1　土　と　は

「土とは」と改めて問われても，当たり前すぎて「あのジャリジャリした地面の〜」としかいいようがないだろう。しかし改めて描くと，土は**図 1.1** のような構造をしており，土質力学では土を「**土粒子**（soil particle）[†]と水（water）と空気（air）の混合材料」と，きちんと定義している。また，水と空気をあわせて**間隙**（かんげき）（void）という。逆さまに読むとスキマであり，土にとっては水も空気もスキマなのだ。

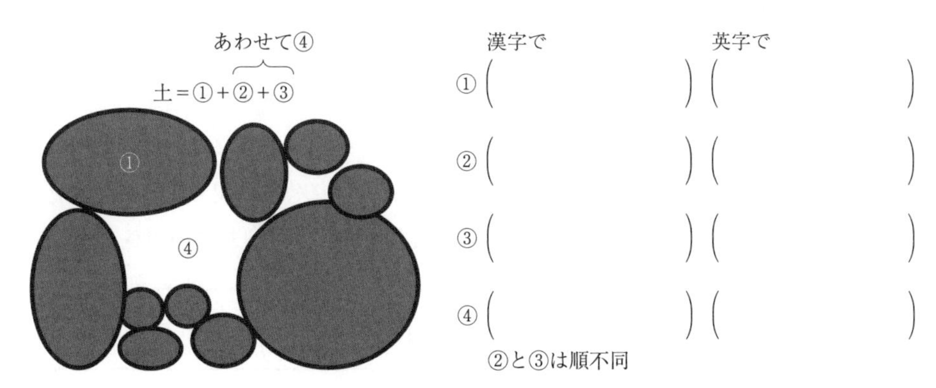

図 1.1　土の概念図

図中のそれぞれの空欄には，対応する英単語も記入し，あわせて覚えてほしい。別にかっこ付けるわけではなく，今後記号として頻繁に登場するためである。スペルをすべて覚えるのが困難なら，最初の 3 文字だけでもよい。

† 本書では，記号などで英語表記の頭文字が使われている用語にのみ，英語表記を入れているが，記号などの大文字・小文字に対応させて，頭文字の大文字・小文字を使い分けている。

1.2 三 相 モ デ ル

前節では，土は三つの物質の混合体であると述べたが，土を表現するために，毎度，図 1.1 のような絵を描いていては面倒である。そこで，土の混合状態を簡易に描く方法として，**図 1.2** に示す**三相モデル**が用いられる。

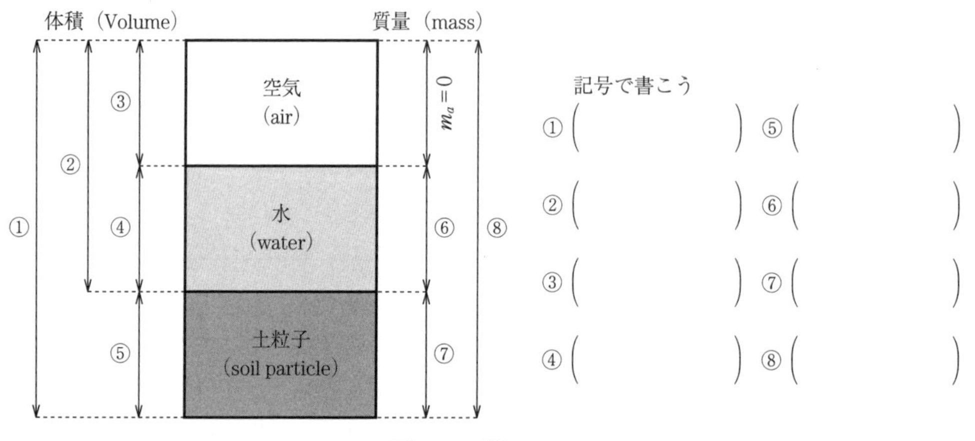

図 1.2　三相モデル

三分割した長方形の左側に体積，右側に質量を記載する。**体積**（Volume）と**質量**（mass）の頭文字をとって，それぞれ土の全体積を V，全質量を m と記載する（なぜか m は小文字である）。土は土粒子，水，空気の混合材料であり，それぞれの体積，質量を表記するため，V や m の右下に小さく，前述した英語表記の頭文字 s，w，a を添える。間隙の場合は v を添える。例えば V_s であれば，土粒子だけの体積を指しており，水や空気は関係がない。V，m に加え，それぞれに s，w，a，v の 4 種類の添え字が付くため，計 10 種類の文字が生成できる。しかし空気の質量 m_a はゼロなので $m_w = m_v$ となり，m_a および m_v の記号は不要となる。したがって，V，V_s，V_w，V_a，V_v，m，m_w，m_s の計 8 種類の文字が一般的に使用される。

1.3 乾燥・湿潤・飽和

土は水の含有量によって，3 種類の状態が定義されている。それらが**乾燥**（dry）・**湿潤**（wet）・**飽和**（saturation）である。英語表記もよく使うため，せめてスペルの頭 3 文字までは，あわせて知っておいてほしい。

三相モデルで描くと**図 1.3** のようになる。乾燥とは，水をまったく含んでいない「カサカサ」の状態の土である。イメージは砂漠の砂であろう。順番を前後して，飽和は，水を限界まで含んでおり「ビチャビチャ」の状態である。雨上がりや水田の土がそれにあたる。湿潤はこ

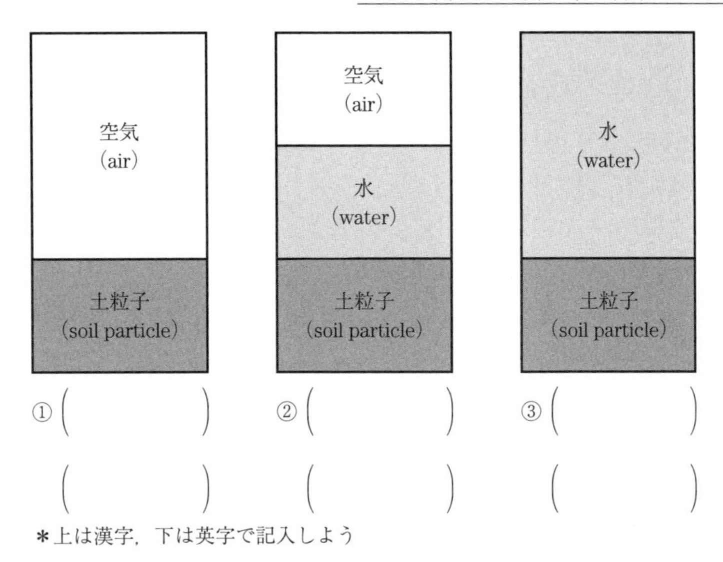

図 1.3 乾燥・湿潤・飽和

れらの中間である。いわゆる普通の土で普段歩く地面の土はほとんどが湿潤状態である。

1.4 間隙比・間隙率・含水比・飽和度

初学者にとっての難所が本節の内容である。前節では，土は土粒子・水・空気の3相に分けて表現できると説明したが，この三つのバランスが重要で，土の性質を大きく左右する。例えば，土粒子の体積 V_s に対して間隙の体積 V_v が極端に大きな土をどう思うだろうか。スキマだらけで非常に弱い土に感じるのではないか。その感覚は正しい。これを感覚ではなく数値として表現するため，土質力学では式(1.1)〜(1.4)の四つの諸元を定義している。

$$\text{間隙比：} e=\frac{V_v}{V_s} \text{〔単位なし〕} \tag{1.1}$$

$$\text{間隙率：} n=\frac{V_v}{V} \text{〔単位なし，％表記〕} \tag{1.2}$$

$$\text{含水比：} w=\frac{m_w}{m_s} \text{〔単位なし，％表記〕} \tag{1.3}$$

$$\text{飽和度：} S_r=\frac{V_w}{V_v} \text{〔単位なし，％表記〕} \tag{1.4}$$

間隙比は e と表現され，上述のたとえのとおり V_s に対する V_v の比率を表す。端的にいうと「土がどれだけスカスカなのか」を示す値である。e が大きいほどスカスカの緩い土で，e が小さいほどギュウギュウの密な土である。「小さいほど密」というのは少々混乱しそうな表現だが，定義に立ち戻ると問題なく把握できるだろう。なお，砂の場合 $e=0.6\sim1.1$，粘土の場合 $e=1.5\sim3.0$ が目安となる。

間隙率は n と表現され，ほとんど間隙比と同じ意味で，どれだけ土がスカスカなのかを示す。「じゃあ e だけでよいのでは」と思うだろうし，その気持ちもよくわかる。とはいえ，あるものは仕方がない。間隙率は間隙比と違って，分母が全体積 V となっている。なので，n = 100 %が最大であり，n = 100 %ということは，土粒子が一粒もない，水と空気の空間である。

含水比は w と表現され，m_s に対する m_w の比率を表し，〔%〕で表示することが多い。例えば w = 0.2 であれば w = 20 %と表記しよう。端的にいうと「土がどれだけビチャビチャなのか」を示す値である。w が大きいほど土は多くの水を含んでいる。注意すべきは，w は 100 %を超えることもあるということである。雨上がりや水田の土では w = 200 %や 300 %も十分にありえる。

飽和度は S_r と表現され，V_v に対する V_w の比率を表し，〔%〕で表示することが多い。S_r = 0.8 であれば S_r = 80 %と表記しよう。含水比と同様に「土がどれだけビチャビチャなのか」を示す値である。S_r が大きいほど土は多くの水を含んでいるのだが，含水比と異なり，S_r = 100 %は間隙が水で満たされている状態（空気がない）であるため，100 %が最大値である。

1.5 密　　度

密度とは物質の詰まり具合を示したもので，記号には ρ を用いる。「ピー」ではない，「ロウ」と読む。密度は質量を体積で割ったものなので，式 (1.5) のように表す。

$$密度：\rho=\frac{m}{V}〔g/cm^3〕\tag{1.5}$$

1.5.1 水 の 密 度

水の密度は “1 g/cm³” である。式で書くと ρ_w = 1.0 g/cm³ である。これは，1 cm³ の小さな

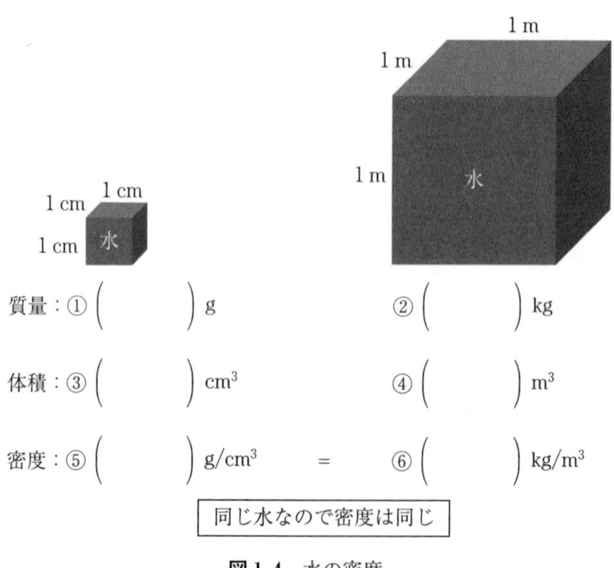

図 1.4　水の密度

容器に水を入れると，ちょうど1gになるので，密度は$1\,g\div 1\,cm^3=1\,g/cm^3$ということである。単位計算の際は，数字だけでなく単位自体も自由に割り算・掛け算してもよい。同時に，水は$1\,000\,kg/m^3$ともいえる。これは寸法1m×1m×1mの箱に水を満杯まで入れると，水の質量はちょうど1 000 kg（1 t）という意味である（**図1.4**）。したがって，$1\,g/cm^3$と$1\,000\,kg/m^3$は，まったく同じことをいっており，水の密度としてはいずれも正解である。水以外の物質，例えばコンクリートだと$2.3\,g/cm^3$，鋼だと$7.8\,g/cm^3$といった具合に，物質により密度も異なる。

1.5.2 土　の　密　度

では土の密度はいくらだろうか。ここで一つやっかいなことがある。土は土粒子・水・空気の混合材料であるがゆえ，どの部分の密度を指せばよいのかわかりにくい。すなわち土の密度とは，空気だけの密度なのか，水だけの密度なのか，土粒子だけの密度なのか，はたまた空気・水・土粒子をすべてひっくるめた密度なのか。土質力学はこれを強引に解決した。「いろんな密度がありうるのなら，すべて定義してしまえばよい」のだ（**図1.5**）。

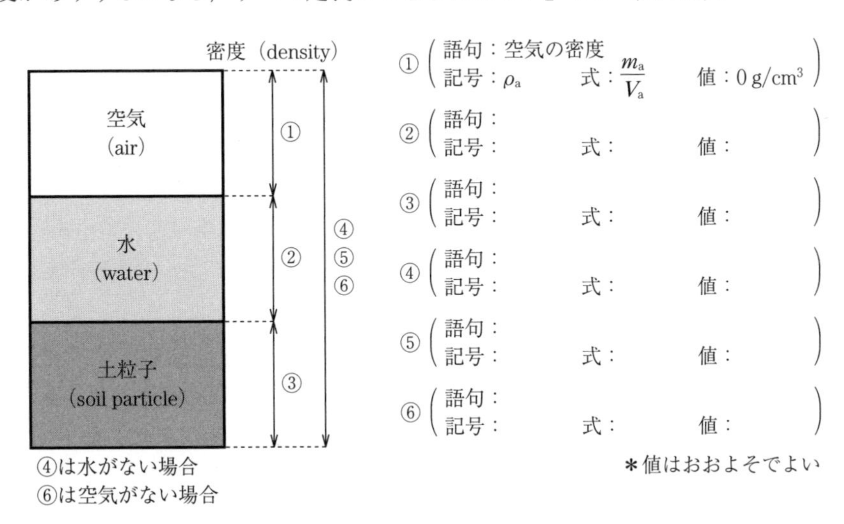

図1.5　土の密度

まず，空気の密度はρ_a，水の密度はρ_w，**土粒子の密度**はρ_sと，それぞれの英語表記の頭文字を添え字とする。したがって，空気の密度は式(1.6)，水の密度は式(1.7)，土粒子の密度は式(1.8)になる。

$$空気の密度：\rho_a=\frac{m_a}{V_a}\ 〔g/cm^3〕\tag{1.6}$$

$$水の密度：\rho_w=\frac{m_w}{V_w}\ 〔g/cm^3〕\tag{1.7}$$

$$土粒子の密度：\rho_s=\frac{m_s}{V_s}\ 〔g/cm^3〕\tag{1.8}$$

例えばρ_sの場合，土粒子に関連する値だけで割り算しており，空気や水がどれだけ入っていようが，ρ_sの値に一切関係ない。補足として，空気の密度はどうせゼロなので，ρ_a自体あまり用いられない。水の密度は，前項冒頭のとおり“$\rho_w = 1.0\,\mathrm{g/cm^3}$”と決まった値で，これは結構使う。

そして土全体の密度には，**乾燥密度**ρ_d，**湿潤密度**ρ_t，**飽和密度**ρ_{sat}がある。突然三つも登場したが，まずは落ち着いていてほしい。土全体の密度なので，土全体の質量を体積で割ったものである（先ほどは，空気だけ，水だけ，土粒子だけに分けてそれぞれ計算した）。したがって，乾燥密度は式(1.9)，湿潤密度は式(1.10)，飽和密度は式(1.11)になる。

$$\text{乾燥密度}：\rho_d = \frac{m}{V}\ 〔\mathrm{g/cm^3}〕 \tag{1.9}$$

$$\text{湿潤密度}：\rho_t = \frac{m}{V}\ 〔\mathrm{g/cm^3}〕 \tag{1.10}$$

$$\text{飽和密度}：\rho_{sat} = \frac{m}{V}\ 〔\mathrm{g/cm^3}〕 \tag{1.11}$$

これら三つは，対象としている土の状態（乾燥・湿潤・飽和）によって，添え字を変える。計算したい土が，乾燥していればρ_d，湿潤状態ならρ_t，飽和していればρ_{sat}と添え字を付ける，ただそれだけのことである。ここで，湿潤（wet）のwを使うと水の密度ρ_wと被ってしまうため，wetのtを採用している。多くの場合，$\rho_s = 2.6\,\mathrm{g/cm^3}$前後である。また，$\rho_d, \rho_t, \rho_{sat}$はだいたい$1.4 \sim 1.8\,\mathrm{g/cm^3}$なので，バケツ一杯の土は，バケツ一杯の水の2倍よりちょっと軽い，と解釈できる（「湿潤土や飽和土に対してρ_dを計算せよ」という場合もある。これは「乾燥させたと仮定したときの密度を求めよ」という意味である。しかし，まずは上記の理解でよいであろう）

1.6 単位体積重量

1.6.1 計 算 方 法

単位体積重量は，土質力学で非常によく使う言葉である。結論を急ぐと，単位体積重量は「密度を9.8倍した値」で，記号はγ（ガンマ），単位は〔$\mathrm{kN/m^3}$〕を用いる。これさえ知ってもらえればよい。前節のとおり，土の密度はρ_w，ρ_s，ρ_d，ρ_t，ρ_{sat}の5種類あったが，それぞれ9.8倍することで，γ_w，γ_s，γ_d，γ_t，γ_{sat}の5種類が生成される。ここで，なぜかγ_sという記号は世の中に存在しないので，実質4種類となる。読み方は特にひねりもなく，γ_wは**水の単位体積重量**，γ_dは**乾燥単位体積重量**，γ_tは**湿潤単位体積重量**，γ_{sat}は**飽和単位体積重量**である。例えば，$\rho_t = 1.6\,\mathrm{g/cm^3}$とすると，9.8倍して，$\gamma_t = 15.68\,\mathrm{kN/m^3}$となる。また$\rho_w = 1.0\,\mathrm{g/cm^3}$なので，9.8倍して，“$\gamma_w = 9.8\,\mathrm{kN/m^3}$”となる。この$\gamma_w$の値は頻出なので単位とあわせて暗記してもらいたい。式を書き出すと，式(1.12)～(1.15)となり，すべて密度を9.8倍しているだけである。

水の単位体積重量：$\gamma_w = \rho_w \times 9.8$〔kN/m^3〕　(1.12)

乾燥単位体積重量：$\gamma_d = \rho_d \times 9.8$〔kN/m^3〕　(1.13)

湿潤単位体積重量：$\gamma_t = \rho_t \times 9.8$〔kN/m^3〕　(1.14)

飽和単位体積重量：$\gamma_{sat} = \rho_{sat} \times 9.8$〔kN/m^3〕　(1.15)

さらに，密度と単位体積重量について語句と記号を**表 1.1** に整理する。復習を兼ねて穴埋めしてほしい。また，**有効（水中）単位体積重量** γ' という諸元もある。水中の土に対して浮力の影響を差し引いた重量のことで，$\gamma' = \gamma_t - \gamma_w$ もしくは $\gamma' = \gamma_{sat} - \gamma_w$ である。

表 1.1　密度と単位体積重量

		密度	単位体積重量
空気・水・土粒子を個別に	空気	空気の密度 ρ_a	
	水	①	⑥
	土粒子	②	
土全体として	乾燥	③	⑦
	湿潤	④	⑧
	飽和	⑤	⑨

1.6.2　単位体積重量の単位★

単位体積重量の単位について補足する。もし理解できない場合は，前項の内容を知っていれば十分である。

正確にいうと，単位体積重量とは「密度に重力加速度（$g = 9.8$ m/s^2）を乗じた値」である。g が式 (1.12)〜(1.15) の 9.8 に相当する。先ほどの水の密度 $\rho_w = 1.0$ g/cm^3 は，1 000 kg/m^3 と表すこともできるので，$\gamma_w = \rho_w \times g = 1\,000 \times 9.8$ (kg/m^3)・(m/s^2) である。ここで 1 N = 1 kg・m/s^2 なので，γ_w は 9 800 N/m^3 となり，これすなわち 9.8 kN/m^3 である。水の単位体積（1 m^3）当りの重量は 9.8 kN，という意味となる。「単位体積重量」というネーミングはじつはなんのひねりもなく，そのままであることがわかる。

1.7　粒　　　度

1.7.1　粒径による区別

土を拡大すると，**図 1.6** のように大小さまざまな土粒子が存在している。土粒子の大きさを**粒径**と呼ぶ。**表 1.2** のように，粒径の大きさによって，土は大きいほうから順に，**礫**（れき）(gravel)・**砂**（sand）・**シルト**（silt）・**粘土**（clay）と呼び名が変わる。それぞれの境目は 2 mm, 0.075 mm,

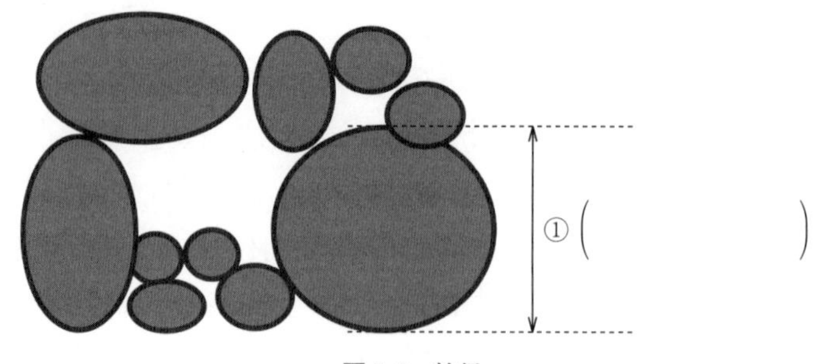

図 1.6　粒径

表 1.2　粒径による区分

0.005 mm	0.075 mm		2 mm
①	②	砂	③
④	⑤	sand	⑥
⑦		⑧	

小 ⟵ 粒径 ⟶ 大

0.005 mm となる。砂と粘土は知っているはずなので，礫とシルトを新たに覚えてほしい。また 0.075 mm 以上の土粒子を**粗粒分**，0.075 mm 以下を**細粒分**と呼ぶ。教科書では，本書の第 5 章のように，砂と粘土をそれぞれ粗粒分と細粒分の代表例として挙げ，土の特性を説明することが多い。

1.7.2　粒 度 試 験

〔1〕 **試 験 方 法**　　土中の土粒子がすべて同じ粒径ということはなく，通常，大小さまざまな土粒子が混在している。これを粒径ごとに分類するのが**粒度試験**である。粒度試験は**ふるい分析**と**沈降分析**の 2 段階からなる。ふるい分析はきわめてシンプルである。**図 1.7** のように

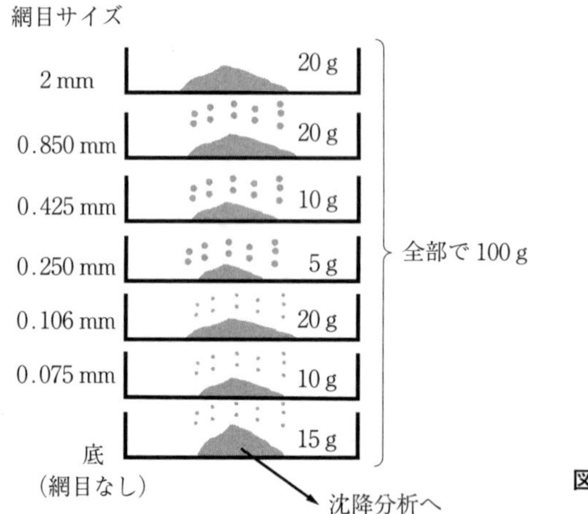

図 1.7　ふるい分析

網目が大小さまざまなザルを用意し，網目の大きい順に上から積み重ね，最上部から土を入れて，振るのである。すると，粒径に応じて土がザルの中に残る。それぞれのザルの質量を計測すると，ふるい分析は終了となる。

続いて沈降分析であるが，これは先ほどのふるい分析ですべての網目を通過した細粒分が対象となる。この細かい土粒子をさらに分類するのだが，これほど小さな網目は用意できない。そこで水を使う。一般的に土を水の中に入れると，大きな土粒子ほど早く沈降し，小さな土粒子ほど緩やかに沈降する。ここに目をつけ，特殊な計測器を使い，沈降のスピードから土粒子の粒径を算定するのである。

〔2〕 試 験 結 果　粒度試験の結果は**図 1.8**（a）のようにグラフで整理される。横軸は粒径である。目盛に着目してほしい。通常の目盛は 1, 2, 3, …と並ぶが，ここでは 1, 10, 100, …と数字が並ぶ。このように 10 倍ごとに目盛が増える軸を対数軸といい，大きさが極端に異なるものを比較するのによく使う（詳細は 4.2.2 項の〔2〕を参照）。

縦軸は**通過質量百分率**を表す。その名のとおり通過した土粒子の割合〔%〕を示すもので，例えば図 1.7 のように 100 g の土のうち，2 mm の網目を通過したのが 80 g なら，2 mm における通過質量百分率は 80 %である。横軸 2 mm，縦軸 80 %の位置に，印を付ければよい。この操作をすべての網目で実施し，線でつなぐと，図 1.8（a）のような**粒径加積曲線**が出来上がる。

〔3〕 試験結果の解釈　見る人が見ると，粒径加積曲線から多くの事実がわかる。突然だが図 1.8（b）の線 A と線 B はどちらがよい土だろうか。「よい土」という表現はピンとこないかもしれないが「よく締まるしっかりした土」くらいのニュアンスでよい。正解は線 A である。線 B は中央に偏っているのに対し，線 A のほうが幅広い範囲で粒径が分布している。大小さまざまな粒径があるほうが，小さな土粒子が大きな土粒子の間に入り込み，密になりやすいのである。

上記の話をきちんと数値で表すために，**均等係数** U_c（式 (1.16)），**曲率係数** U_c'（式 (1.17)）という諸元がある。

$$\text{均等係数：} U_c = \frac{D_{60}}{D_{10}} \text{〔単位なし〕} \tag{1.16}$$

$$\text{曲率係数：} U_c' = \frac{(D_{30})^2}{D_{10} D_{60}} \text{〔単位なし〕} \tag{1.17}$$

図 1.8（c）のように，D_{10}, D_{30}, D_{60} は通過質量百分率がそれぞれ 10 % , 30 % , 60 %のときの粒径を示す。均等係数は曲線の傾きを示す。例えば，粒径加積曲線の横幅が広いほうが，D_{60} が大きく D_{10} が小さくなる傾向にあるため，均等係数は大きくなる。曲率係数は曲線のなだらかさを示す。1 に近いほど直線に近づき，粒径の偏りのないことを示している。$U_c \geqq 10$，$1 < U_c' < 3$ の両方を満たすとき，粒度分布がよいと表現する。

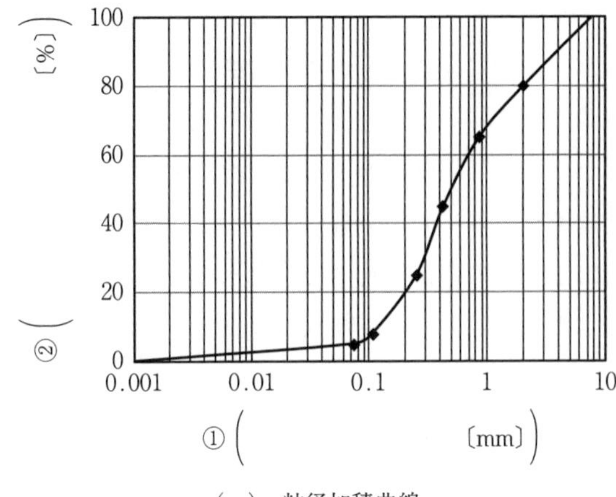

（a） 粒径加積曲線

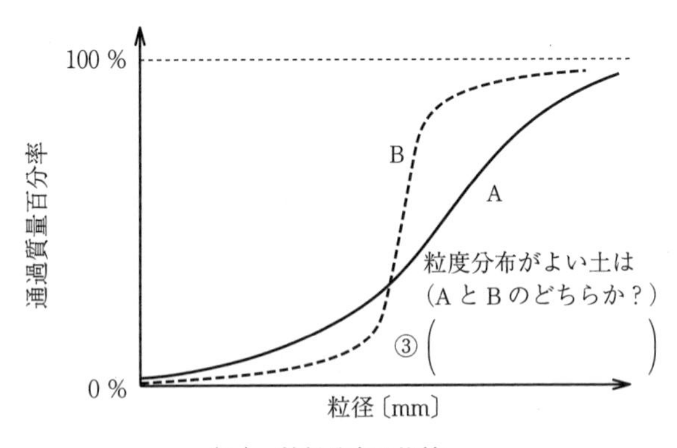

（b） 粒径分布の比較

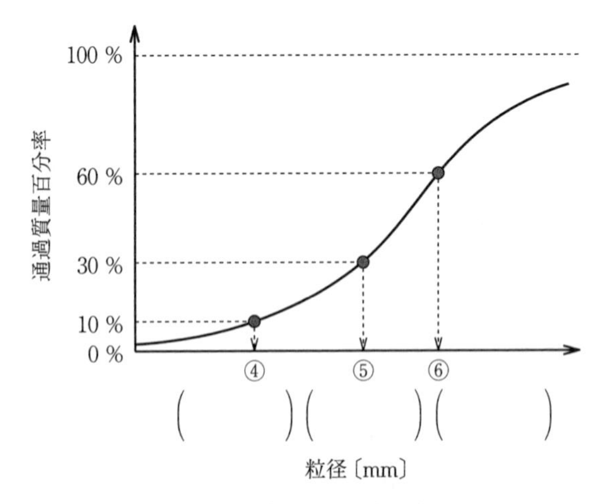

（c） 均等係数と曲率係数

図 1.8　粒径加積曲線

1.8 コンシステンシー

本節は，粘土やシルトといった細粒分に関する話である。砂や礫は関係ないことをまず断っておく。ここでは粘土として話を進めよう。

粘土に水を含ませると軟らかくなる。さらに水を入れると，もっと軟らかくなる。こんな当たり前のことに名前が付いており，**コンシステンシー**という。コンシステンシーとは物質の状態変化という意味だ。

1.8.1 コンシステンシー限界

乾燥した粘土があるとする。これは固体状でありビスケット状と表現される。少し水を加えると半固体状（チーズ状）になる。さらに水を加えると塑性状（バター状）となり，最後には液体状（スープ状）となる。それぞれ状態が変化する境界には名前が付いており，**収縮限界**（固体→半固体），**塑性限界**（半固体→塑性状），**液性限界**（塑性状→液体状）と呼び，三つ合わせて**コンシステンシー限界**（別名：**アッターベルグ限界**）と総称する。それぞれの限界に対応するときの粘土の含水比は，w_s(収縮限界)，w_p(塑性限界)，w_L(液性限界）と呼ぶ。添え字のsはshrink（収縮），pはplastic（塑性），LはLiquid（液体）の頭文字である。

またw_Lからw_pを差し引いた値である**塑性指数**$I_p(=w_L-w_p)$もあわせて覚えてほしい(**図1.9**)。

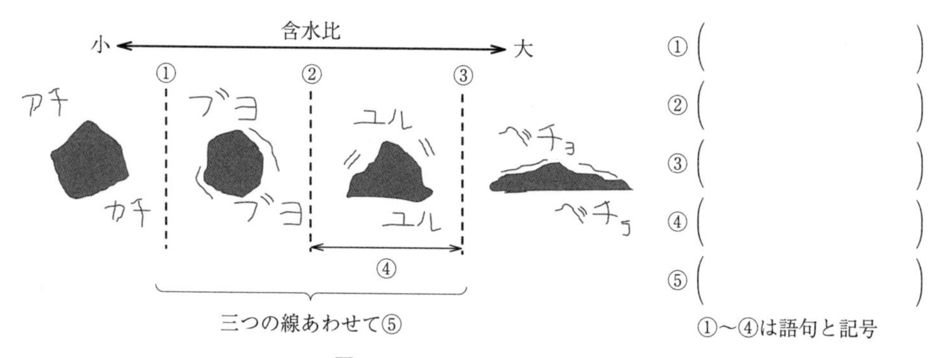

図1.9　コンシステンシー限界

1.8.2 コンシステンシー試験

コンシステンシー限界を探る試験を**コンシステンシー試験**という。この中でも塑性限界試験（**図1.10**）を紹介しよう。対象となる土を手にとり，手の平で棒状に伸ばす。土の水分を変化させながら，引き伸ばされた土が3mmの太さになり，ちょうど切れ切れになったときの含水比がw_pである。驚くほど原始的な方法である。現場で手早く実施できることを見込んで，このような簡単な試験方法となっているのだ。

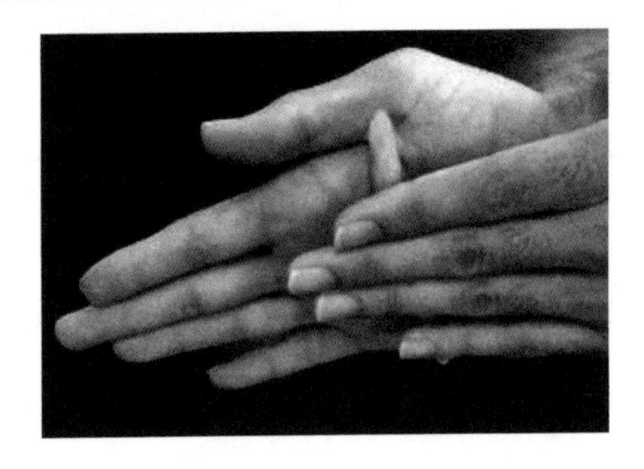

図 1.10　コンシステンシー試験（塑性限界試験）

1.8.3 塑　性　図

ここまで w_s, w_p, w_L, I_p が登場したが，だからいったいなんなのかとなりそうなので，使い方の一例を紹介する。**図 1.11** は**塑性図**と呼ばれ，横軸が w_L, 縦軸が I_p を示す。これらの諸元がわかると，図と照らし合わせることで，透水性（水の通りやすさ），圧縮性（つぶれやすさ）といった，土のさまざまな性質が把握できる。詳細を知りたい人は，ほかの教科書（巻末の参考文献など）を参考にしてほしい。

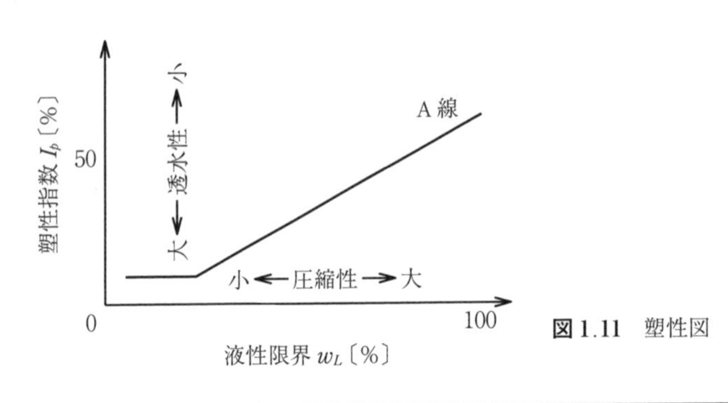

図 1.11　塑性図

1.9 締　固　め

1.9.1 締固めとは

力を入れて土をギュウと押さえつけると強い土となる。これを**締固め**と呼ぶ。このとき，サラサラの乾いた土や，ビチャビチャに濡れた土だと，力を入れてもうまく固まらない。ほどよく湿ったくらいの土がよい。

土木構造物をつくるときは，強い地盤を得るため，地盤を締め固める。このとき，土は“適量の”水分を含んでいることが望ましい。ここでいう「適量」とはどの程度なのか，それを探るのが**締固め試験**である。

1.9.2 締固め試験

〔1〕 試験方法　試験方法を**表 1.3** に示す。使用する土の含水比をあらかじめはかって

表 1.3　突固めによる締固め試験

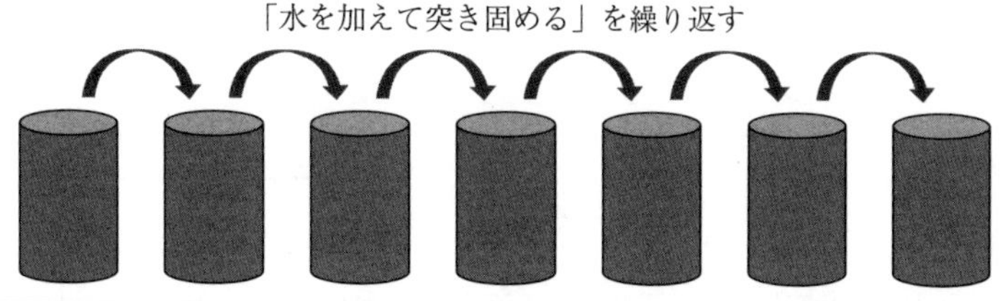

回数	1 回目	2 回目	3 回目	4 回目	5 回目	6 回目	7 回目
体積 V〔cm³〕	1 000	1 000	1 000	1 000	1 000	1 000	1 000
質量 m〔g〕	1 600	1 680	1 800	1 880	1 950	1 970	1 980
含水比 w〔%〕	4	6	8	10	12	14	16
湿潤密度 ρ_t〔g/cm³〕	1.60	1.68	1.80	1.88	1.95	1.97	①(　　　　)
乾燥密度 ρ_d〔g/cm³〕	1.54	1.58	1.67	1.71	1.74（最も詰まっている）	1.72	②(　　　　)

おく。ここでは仮に含水比 $w=4$ %だったとしよう。この土を「モールド」と呼ばれる容器に詰め，「ランマー」と呼ばれるおもりで土を突き固める。モールドがいっぱいになるまで土を詰めたときの質量が 1 600 g だったとすると，容器の体積は 1 000 cm³ なので，土の湿潤密度は $\rho_t=1.60$ g/cm³ である（1 回目）。

つぎに，土をモールドから取り出し，水を一定量加えてよく混ぜる。含水比をはかると，$w=6$ %に増えたとしよう。再度，土をモールドに詰め，先ほど同様に突き固め，質量をはかる。水を含むことで，土の締まりがよくなり，先ほどより多くの土がモールドの中に入る。土の質量が 1 680 g に増えたすると，土の湿潤密度は $\rho_t=1.68$ g/cm³ となる（2 回目）。

さらにこの土を取り出し，水を加え…という作業を繰り返し，その都度，含水比と湿潤密度を計測する。含水比と湿潤密度がわかれば，式 (1.19)（本章の章末問題を参照）により，乾燥密度を計算できる。表 1.3 をいま一度見てほしい。質量・含水比・湿潤密度はどんどん増加するが，乾燥密度は 5 回目をピークに減少に転じている。乾燥密度は水の存在を考慮しない，土粒子だけを対象にした密度なので，5 回目に土粒子が一番詰まっていることを意味する。6 回目，7 回目は水を加えすぎて，土の詰まりが悪くなったことを意味する。

〔2〕 **試 験 結 果**　表 1.3 の含水比と乾燥密度の値を取り出し，グラフ化したものが**図 1.12**（a）となる。

多くの場合，山型のグラフが得られ，これを**締固め曲線**と呼ぶ。山型がポイントで，含水比が大きくなるにつれ乾燥密度は大きくなるが，ある含水比より大きくなると，乾燥密度が小さくなることを意味する。乾燥密度が高いほどよく締まった強い土なので，その土にとって一番

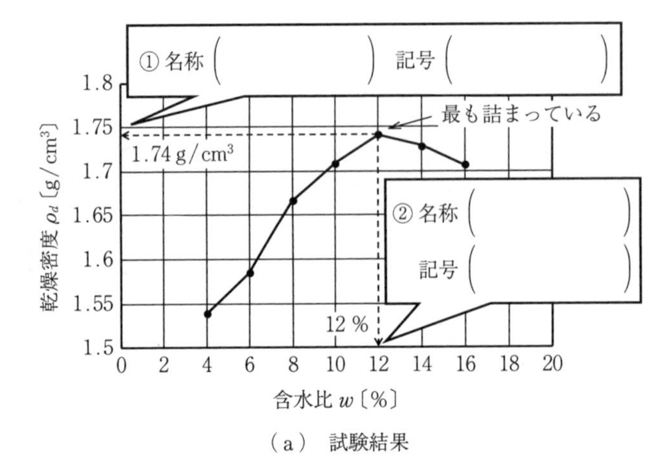

（a） 試験結果

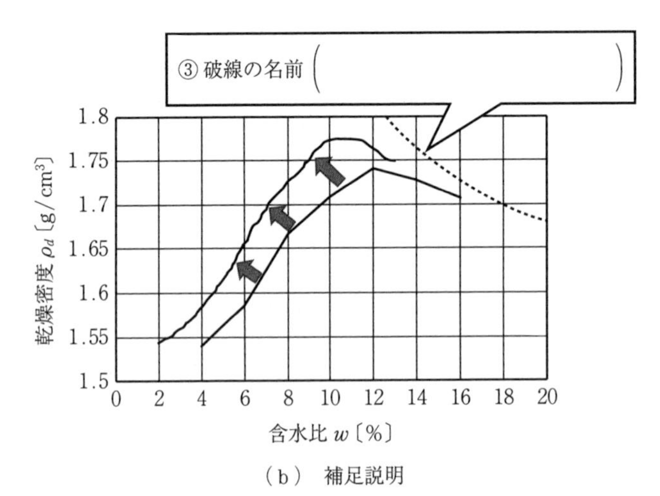

（b） 補足説明

図 1.12　締固め曲線

よい含水比といえる**最適含水比** w_{opt} が存在することがわかる。また，これに対応する乾燥密度を**最大乾燥密度** $\rho_{d\,\max}$ と呼ぶ。工事をする際，この最適含水比となるよう，水分量を調整して，土に水分を含ませるのがよい。図 1.12（a）の場合，最適含水比 $w_{opt}=12$ %，最大乾燥密度 $\rho_{d\,\max}=1.74$ g/cm^3 となる。

つぎに，図（b）の右上の破線について説明する。これは**ゼロ空気間隙曲線**といい，これ以上締め固めることのできない限界を示す線である。締固め試験は人の手で行うので，土を完全に締め固めることはできない。ゼロ空気間隙曲線は，仮に万能な装置があったとして，土が完全に締め固まったらどのような曲線になるかを示した理論値，いわば目安の線である。

最後に注意点がある。土をより強く締め固めようと，突く回数を増やし，突く力を強くすると，図（b）のように締固め曲線は左上方向に移動する。確かに密度は大きくなるのだが，最適含水比も変化している。強い土を求めて，むやみに何度も突くと，適切な水分量が変化することに注意してほしい。

〔3〕 **試験結果の利用**　試験結果を踏まえて，実際の工事でよく使われるのが，**締固め度** D_c である。これは式(1.18)に示すように，現場の土の乾燥密度 ρ_d と，試験で得られた最大乾燥密度 $\rho_{d\max}$ の比である。

$$\text{締固め度：} D_c = \frac{\rho_d}{\rho_{d\max}} \text{〔単位なし〕} \tag{1.18}$$

$D_c = 100$ %は，現場の土が室内試験と同程度まで，しっかり締め固まったことを意味する。現場では，例えば道路盛土では，$D_c = 90$ %以上を基準に工事が進められる。表1.3でいうと，1回目は $D_c = 1.54 \div 1.74 = 89$ %となり基準以下なので不可，4回目は $D_c = 1.71 \div 1.74 = 98$ %となり基準以上となり，盛土をつくることができる。

1.10　標準貫入試験とN値

これまでいろんな話があったが，実際の仕事において，最もよく使うのはなにかと問われれば，標準貫入試験を挙げたい。また，この試験により得られるN値も，現場で日常的に飛び交う重要語句である。

1.10.1　標準貫入試験

標準貫入試験の目的は土の採取とN値の計測である。**図1.13**のように金属の筒（サンプラーと呼ぶ）を地面に設置する（本書では，図のように斜線2本の記号で地表面を表す）。そして，サンプラーの周囲に矢倉を組んで，63.5 kgのおもり75 cmの高さから落とし，サンプラーを打ち込んでいく試験である。貫入後引き抜くとサンプラー内部には土が詰まっているので，持ち帰り，各種室内試験（締固め試験・粒度試験など）に使用できる。

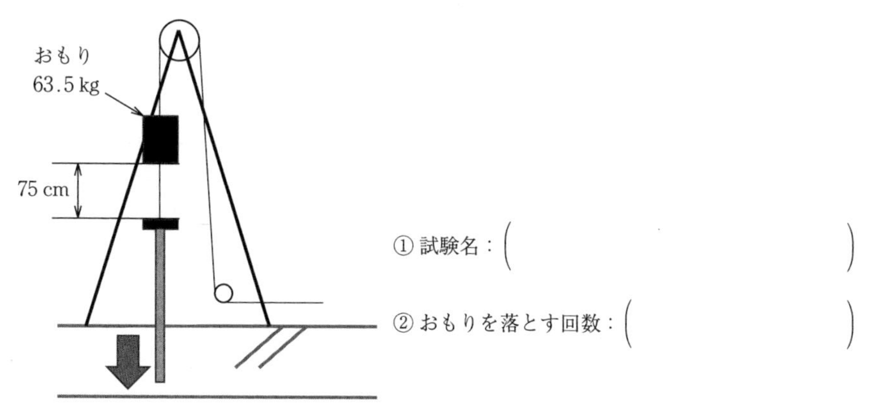

図1.13　標準貫入試験

1.10.2　N値

〔1〕 **N値とは**　標準貫入試験において，サンプラーが地面に30 cm入るまで，おもり

を落とす回数を**N値**と呼ぶ。地盤が強いほど多くの回数が必要なので，地盤が強いとN値も大きい。ちなみに，最初の，地表面から15 cmまではカウントせず，15 cm→45 cmになるまでの回数をカウントする。

N値はその日の天候や作業者によって変わりうる，なんとも粗雑な値である。しかし，わかりやすくて使いやすい。これが大事なのだ。精度を追求するのなら，本書後半に登場する内部摩擦角，粘着力，弾性係数など学術的な指標があり，そちらに委ねればよい。

〔2〕 **N値の目安**　**表1.4**にN値と地盤の強さの関係を示す。N値が1桁だと緩い地盤，N値が50を超えると非常に密な地盤だ。弱すぎると地盤改良などが必要になったり，強すぎると施工がなかなか進まない。

表1.4　N値の目安

N値	目安
0 ～ 4	非常に緩い
4 ～ 10	緩い
10 ～ 30	中程度
30 ～ 50	密
50 ～	非常に密

〔3〕 **換　算　式**　N値から内部摩擦角ϕや粘着力c（第5章にて登場）を推定する式がいくつか提案されている（例えば，$\phi=\sqrt{15N}+15$という式がある）。これらは推定式なので，必ずしも一致するというわけではない。N値がこれくらいなら，ϕはだいたいこれくらいになる，という目安の式である。まあ，N値だけでいろんなことがわかる，という理解でよい。

章　末　問　題

復　習　問　題

以下の空欄を埋めよ。特に指示がない場合は語句を書け（／で語句を並べているところは，その中から選択せよ）。

【1】 土は（①）と（②）と（③）の混合材料である。（②）と（③）を合わせて（④）と呼ぶ。

【2】 Vは体積，mは（①）を意味する。これらに添え字をつけた記号のうち，m_sは（②），V_vは（③）を表す。また水の体積は（④記号），水の質量は（⑤記号）と表記する。

【3】 土は水の含有量によって，乾燥，（①），（②）と状態が変化する。

【4】 eは（①）といい，（②式）で表される。eが大きいほうが（③密な／緩い）土である。
nは（④）といい，（⑤式）で表される。nが大きいほうが（⑥密な／緩い）土である。
wは（⑦）といい，（⑧式）で表される。wが大きいほうが土の水分は（⑨多い／少ない）。
S_rは（⑩）といい，（⑪式）で表される。S_rが大きいほうが土の水分は（⑫多い／少ない）。

【5】 質量を体積で割ったものを（①）という。（①）の記号にはρを用い，ρ_wは（②），ρ_sは（③），ρ_dは（④），ρ_tは（⑤），ρ_{sat}は（⑥）を表す。またρ_wは（⑦値と単位）と決まっており，ρ_sはおおよ

そ（⑧ 値と単位）である。

【6】 重量を体積で割ったものを（①）といい，結果的にρを 9.8 倍した値と等しくなる。（①）の記号にはγを用い，γ_wは（②），γ_dは（③），γ_tは（④），γ_{sat}は（⑤）を表す。またγ_wは（⑥ 値と単位）と決まっている。

【7】 土粒子の大きさを（①）と呼ぶ。（①）の小さい土から順に（②），（③），砂，（④）と呼ぶ。（①）を分類する試験を（⑤）と呼び，（⑥）と（⑦）に大別される。この試験により得られる曲線を（⑧）と呼び，横軸（⑨），縦軸（⑩）のグラフを用いて描かれる。

【8】 粘土に水を加えると徐々に軟化する。このような状態変化を（①）と呼ぶ。変化の区切りとして，固体と半固体の境界を（② 語句と記号），半固体と塑性体の境界を（③ 語句と記号），塑性体と液体の境界を（④ 語句と記号）と呼ぶ。さらに，これらの境界を総称して（⑤）と呼ぶ。

【9】 土の締固めに関する試験を（①）と呼ぶ。この試験により得られる曲線を（②）と呼び，横軸（③），縦軸（④）のグラフを用いて描かれる。（④）の最大値は（⑤ 語句と記号）と呼ばれ，これに対応するときの（③）を（⑥ 語句と記号）と呼ぶ。この図には比較のため，（⑦）が併記されることが多い。

【10】 施工地盤を調査するため，矢倉を組んでサンプラーを挿入する試験を（①）という。サンプラーを 30 cm 挿入するために，おもりを落とす回数を（②）といい，（②）が大きいほど地盤は（③ 強い／弱い）。

［解答欄］

【1】	①	②	③	④
【2】	①	②	③	④
	⑤			
【3】	①	②		
【4】	①	②	③	④
	⑤	⑥	⑦	⑧
	⑨	⑩	⑪	⑫
【5】	①	②	③	④
	⑤	⑥	⑦	⑧
【6】	①	②	③	④
	⑤	⑥		
【7】	①	②	③	④
	⑤	⑥	⑦	⑧

【7】(続き)	⑨	⑩		
【8】	①	②	③	④
	⑤			
【9】	①	②	③	④
	⑤	⑥	⑦	
【10】	①	②	③	

基　本　問　題

以下の問に答えよ。単位が必要な場合は必ず書け。また，後述の難問の式 (1.19)～(1.22) を利用してもよい。

【1】 ある土が 1 kg あり，これを乾燥させると，水分がなくなり 500 g となった。以下の問に答えよ。

(1) **図 1.14** の三相モデルの①と②を埋めよ。

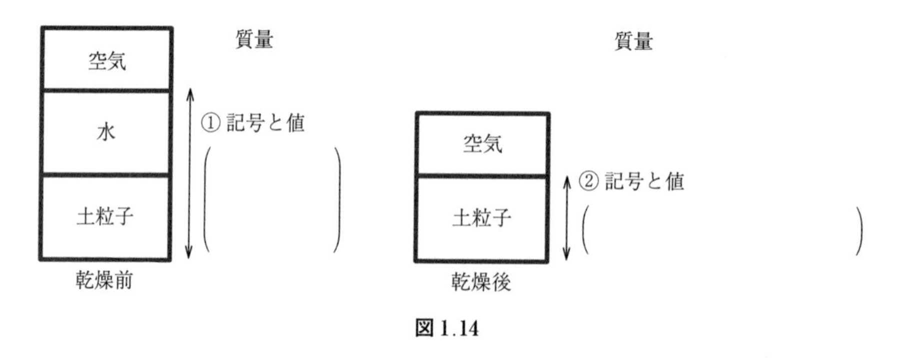

図 1.14

(2) 乾燥前の土の含水比 w を求めよ。

［解答欄］

【2】 1 000 cm^3 の容器に，乾燥土 1 300 g が詰まっている。土粒子密度 ρ_s は 2.6 g/cm^3 であった。以下の問に答えよ。

(1) この土の体積 V，土粒子の体積 V_s，間隙の体積 V_v を求めよ。

(2) この土の間隙比 e を求めよ。

(3) この土の乾燥密度 ρ_d，乾燥単位体積重量 γ_d を求めよ。

［解答欄］

【3】 質量 $m = 35.0$ g の湿潤した粘土を乾燥したところ $m_s = 25.0$ g になった。この土の湿潤状態の含水比 w を求めよ。

［解答欄］

【4】 飽和した粘土の試料の体積 V と質量 m は，それぞれ 20.00 cm^3, 37.65 g で，乾燥後の質量（乾燥質量）m_s は 27.65 g であった。この土の自然状態での間隙比 e を求めよ。

［解答欄］

【5】 含水比 20 %の土が 120 g ある。この土の乾燥質量 m_s はいくらか。

［解答欄］

【6】 飽和度 $S_r = 80$ %，含水比 $w = 20$ %，土粒子密度 $\rho_s = 2.5$ g/cm^3 の土がある。この土の湿潤密度 ρ_t を求めよ。

［解答欄］

【7】 ある土のふるい分析を実施したところ，つぎの結果を得た。以下の問に答えよ。

(1) 試験に使用した砂の総質量はいくらか。

（　　　　　　　　　　　　　　　　　　　　　　　　）

(2) **表 1.5** の空欄①～⑭を埋めよ。

(3) この土に対する粒径加積曲線を**図 1.15** に描け。

(4) この土の 10 %粒径 D_{10}，30 %粒径 D_{30}，60 %粒径 D_{60} を求めよ。

（$D_{10} =$　　　　　　　$D_{30} =$　　　　　　　$D_{60} =$　　　　　　　）

表 1.5

網目サイズ〔mm〕	ふるいに残った質量〔g〕	ふるいを通過した質量〔g〕	通過質量百分率〔%〕
2	30	①	⑧
0.85	90	②	⑨
0.425	75	③	⑩
0.25	45	④	⑪
0.15	30	⑤	⑫
0.106	15	⑥	⑬
0.075	15	⑦	⑭
0（網目なし）	0	0	0

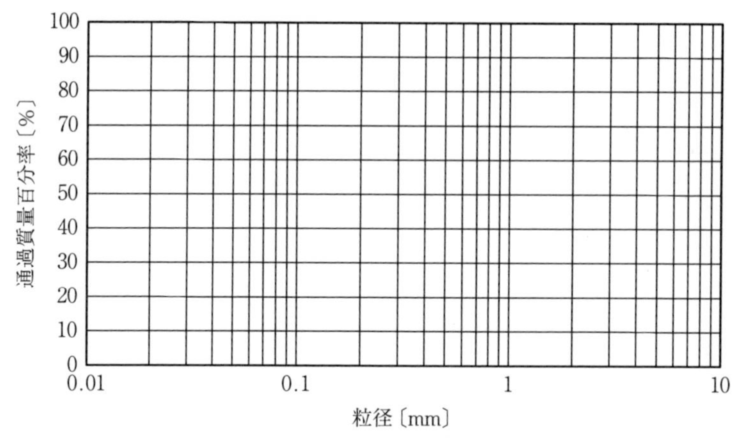

図 1.15

(5)　この土の均等係数 U_c および曲率係数 U_c' を求めよ。

（U_c =　　　　　　　　　　　U_c' =　　　　　　　　　　）

(6)　この土の粒度分布はよいといえるか，答えよ。

（　　　　　　　　　　　　　　　　　　　　　　　　　　）

【8】　ある施工現場の土を採取し，容積 1 L のモールドを用いて，突固めによる締固め試験を実施した。つぎのような結果が得られたとき，以下の問に答えよ。

(1)　**表 1.6** の空欄① ～ ⑭を埋めよ

(2)　**図 1.16** に締固め曲線を描け。

(3)　この土の最大乾燥密度 $\rho_{d\,\max}$，最適含水比 w_{opt} を求めよ。

（$\rho_{d\,\max}$ =　　　　　　　　w_{opt} =　　　　　　　　　　）

表 1.6

回数	質量 m〔g〕	湿潤密度 ρ_t〔g/cm^3〕	含水比 w〔%〕	乾燥密度 ρ_d〔g/cm^3〕
1 回目	1 500	①	3	⑧
2 回目	1 580	②	5	⑨
3 回目	1 700	③	7	⑩
4 回目	1 780	④	9	⑪
5 回目	1 850	⑤	11	⑫
6 回目	1 870	⑥	13	⑬
7 回目	1 880	⑦	15	⑭

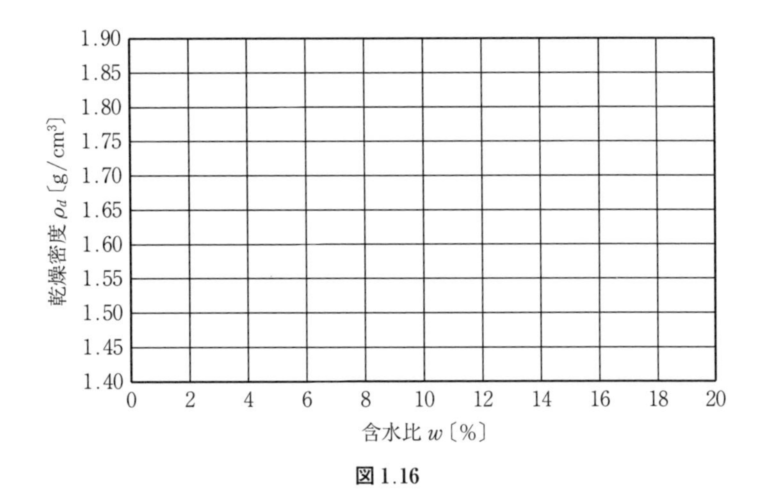

図 1.16

(4)　図 1.16 にゼロ空気間隙曲線を描け。土粒子密度 $\rho_s = 2.6$ g/cm^3 とする。

(5)　現地の土の乾燥密度 ρ_d が 1.5 g/cm^3 であったとすると，締固め度 D_c はいくらか。

(　　　　　　　　　　　　　　　　)

難　　問

式 (1.19)～(1.22) が成立することを，それぞれ示せ（いずれも有名な式なので，暗記することを推奨する）。

$$\rho_d = \frac{\rho_t}{1+w} \tag{1.19}$$

$$eS_r = w\frac{\rho_s}{\rho_w} \tag{1.20}$$

$$e = \frac{\rho_s}{\rho_d} - 1 \tag{1.21}$$

$$n=\frac{e}{1+e} \tag{1.22}$$

公務員試験問題

【1】 ある土試料について，間隙比 $e=0.60$，含水比 $w=20$ %，土粒子の密度 $\rho_s=2.60$ g/cm^3 であるとき，この土試料の乾燥密度 ρ_d と湿潤密度 ρ_t を求めよ。［東京都 平成29年度 1類B（一般方式）採用試験 技術（土木）］

【2】 容積1 000 cm^3 の容器に，ちょうど一杯に詰めた土試料の質量が1 800 g であった。これを110 ℃に保たれた炉内で24時間乾燥したところ，土試料の質量は1 600 g になった。この土試料の間隙比として最も妥当なのはどれか。ただし，土粒子の比重を2.70，水の密度を1.00 g/cm^3 とする。［国家公務員 一般職試験（高卒者試験）農業土木　試験問題例］

ア．0.50　イ．0.56　ウ．0.69　エ．1.69　オ．3.32

② 土 中 の 水

本章のテーマは「水」である。ほかの章すべて土が主役であるため，異色の章といってもよい。地面を数メートルも掘ると必ず地下水に出くわす。工事中に多量の水が発生すると施工が困難になる。堤防やダムなど水回りの構造物ともなると，いかに水を管理するかが工事の成功を左右する。さらに自然災害においても，豪雨による土砂災害，地震にともなう液状化など，土と水は切っても切れない関係である。本章では，地中の水の動きについて学ぼう。

2.1　流　　量

水が流れているときの水量を**流量**と呼び，水が流れる速さを**流速**と呼ぶ。

図 2.1 のような，土の詰まったパイプの中を水が流れているとする。流速を v とすると時間 t の間に流れる距離は vt となる。このとき，流速と時間の単位は，たがいに対応していることが前提だ。例えば，流速 v の単位が〔m/min〕ならば，時間 t の単位は〔min〕である。図 2.1 のとおり，パイプの断面積を A とするとき，パイプ内を流れる水の総流量 Q は，円柱の体積と同じなので式 (2.1) になる。ここでも，流速 v の単位と断面積 A の単位は対応させておく。流速の単位が〔m/min〕ならば，断面積 A の単位は〔m^2〕である。

総流量：$Q=Avt$　　(2.1)

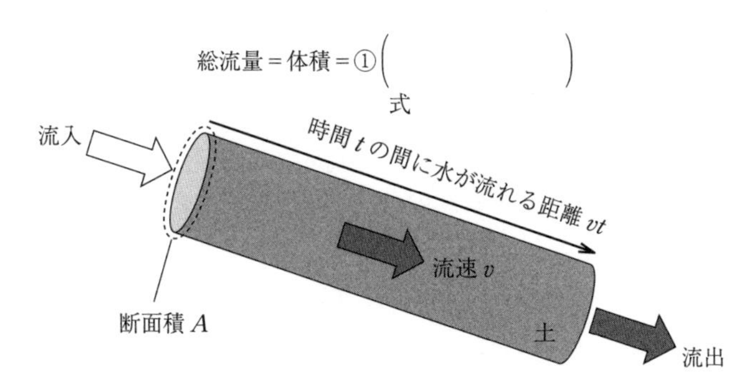

図 2.1　パイプ内の水の流れ

単位時間当り（1 時間や 1 分のこと）の流量 q は，式 (2.1) の t を 1 にして，式 (2.2) で表される。総流量 Q と区別するため，小文字 q を記号に用いた。本章では総流量 Q よりも，単位時間当りの流量 q を使うことが多い（きちんと区別できていれば Q と q のどちらでもよい）。

単位時間当りの流量：$q=Av$　　(2.2)

以上を踏まえて，総流量 Q，単位時間当りの流量 q は式 (2.3) のような関係となる。Q の単位は〔m^3〕，〔cm^3〕などで，q の単位は〔m^3/min〕，〔L/s〕，〔cm^3/s〕などである。

流量の関係：$Q=qt$　(2.3)

さて，いままで登場した記号を見てみると，A, v, t の三つがわかれば流量に関する計算ができそうだ。断面積 A や時間 t はその場ではかればよい。しかし，土中の水の流速 v はどのようにわかるのだろうか。次節で見てみよう。

2.2　ダルシーの法則

まずは**図 2.2** を見てほしい。土が詰まったパイプの左から右へと水を流している。パイプの両サイドには小さな穴が空いていて，細いストローが刺さっている。このとき，水はパイプ内を流れるだけでなく，ストローにも入り込み，少し高い位置で安定する。不格好な装置ではあるが，本章で多用するので早めに慣れてほしい。

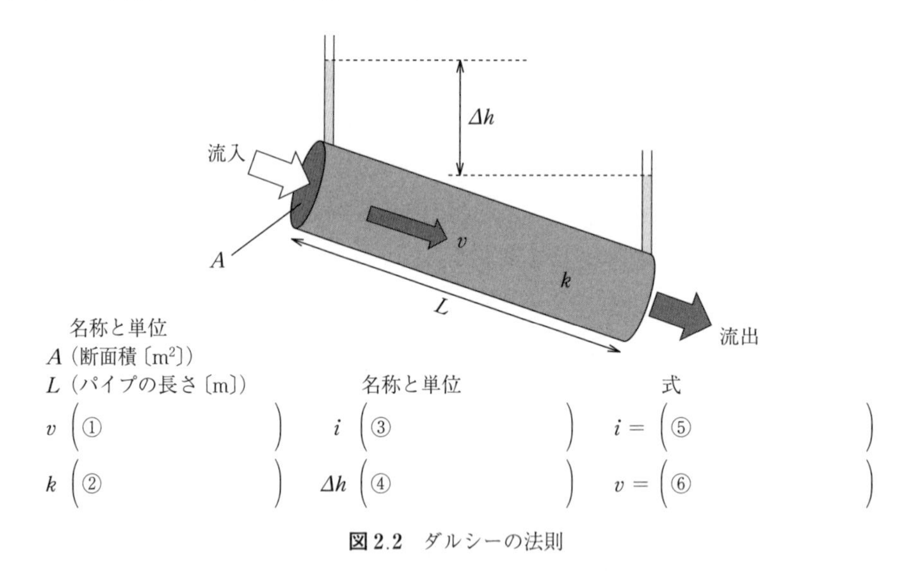

図 2.2　ダルシーの法則

ここで登場するのが，本章で最重要な式の**ダルシーの法則**（式 (2.4)）である。

ダルシーの法則：$v=ki$　(2.4)

v は土中の水の流速を表し，速度なので，単位は〔m/s〕や〔cm/s〕である。

k は**透水係数**といい，水の通しやすさを表す。単位は〔cm/s〕がよく使われる。これは地盤材料によって決まる値で，**図 2.3** のように，砂は粒が粗く水を通しやすいため k が大きく，粘土は粒が細かく水を通しにくいため k が小さい。**表 2.1** に，非常に雑ではあるが，透水係数の目安を示しておく。だいたいこのくらいといった程度に受け止めてほしい。

i は**動水勾配**といい，式 (2.5) で表す。L はパイプの長さ，Δh は水位の差であるが，ここでは**水頭差**と呼ぶ。Δ はデルタといい「差」という意味だ。動水勾配はパイプの傾き具合を表

粒径が小さい

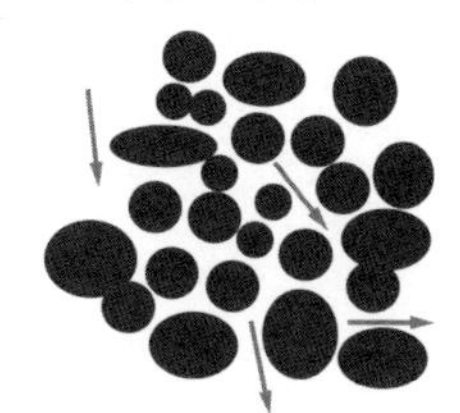

水が通り（① やすい／にくい）

粒径が大きい

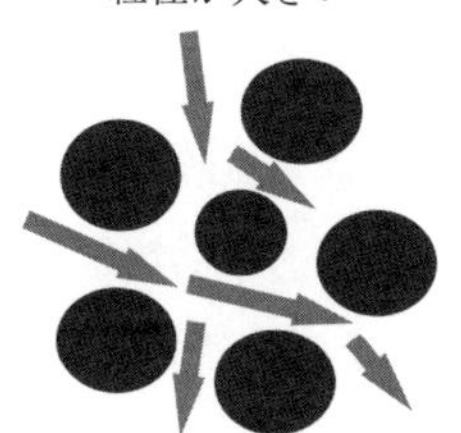

水が通り（② やすい／にくい）

＊①，②はそれぞれどちらかを選択しよう

図 2.3 粒径と水の通りやすさ

表 2.1 透水係数の目安（あくまで目安）

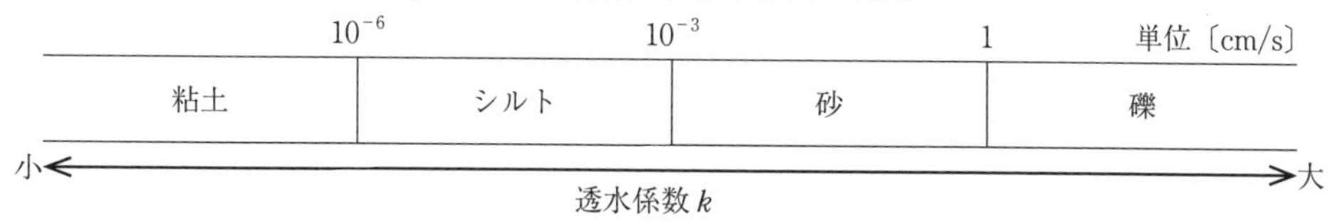

10^{-6}	10^{-3}	1	単位〔cm/s〕
粘土	シルト	砂	礫

小 ⟷ 大
透水係数 k

す，という理解で最初はよいであろう。パイプを傾けるほど水頭差は大きくなるので，i の値は大きくなる。また「長さ」を「長さ」で割っているので，i の単位は無次元（単位なし）である。

$$\text{動水勾配：} i = \frac{\Delta h}{L} \tag{2.5}$$

さて，ここで式 (2.2) を考慮すると，単位時間当りの流量 q は，式 (2.2)，(2.4)，(2.5) をつないで整理すると，式 (2.6) のようになる。

$$\text{流量：} q = Ak\frac{\Delta h}{L} \tag{2.6}$$

2.3 透 水 試 験

透水係数を測る試験が**透水試験**である。透水試験にはいくつか種類があり（**図 2.4**），大きくは**室内透水試験**と**現場透水試験**に分けられる。その名のとおり，室内で実施するか，現場で実施するかの違いである。現場の土の透水係数を知りたいのだから，現場で実施することが好ましい。しかし費用や手間の問題で，現場の土を持ち帰り室内透水試験とすることも多い。

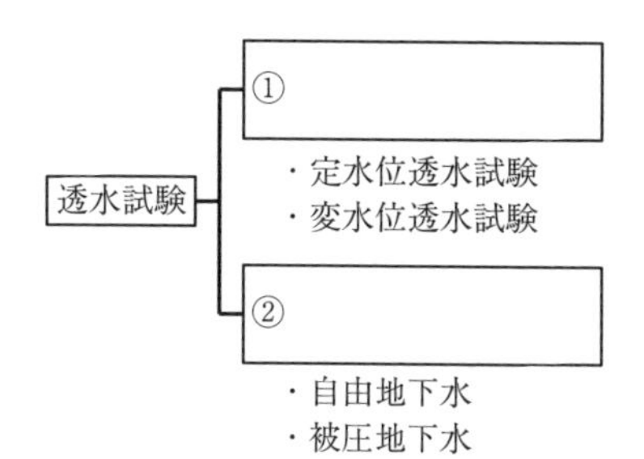

図 2.4 透水試験の種類

2.3.1　室内透水試験

室内透水試験は，**定水位透水試験**と**変水位透水試験**に分けられる。一般的に，透水係数が大きい（大きそうな）土材料には定水位透水試験，小さい（小さそうな）土材料には変水位透水試験を実施する。定水位と変水位では，透水係数を求める式が異なる。

〔1〕　**定水位透水試験**　　**図 2.5** は定水位透水試験の装置の簡易図である（本書では逆三角形に三本線の記号で水面を表す）。試験実施の際には，対象とする土試料を容器に閉じ込め，上部から水を流す。このとき水位が下がらないよう，水を絶えず供給するのがポイントである。試験中は水位が変わらないため，“定”水位透水試験という。水は土試料を通り抜け，パイプを通じて容器に流れ込む。容器に入る流量が多いということは，たくさんの水が土試料を通過したことを意味し，すなわち透水係数が大きいことを示す。本試験で流量や時間を計測し，式 (2.7) を使うことで，土の透水係数が求まる。

$$\text{透水係数（定水位）}: k = \frac{qL}{A\Delta h} \tag{2.7}$$

ここで，k：透水係数〔cm/s〕，A：試験土の断面積〔$\mathrm{cm^2}$〕，L：土試料の長さ〔cm〕，q：単位時間当りの流量〔$\mathrm{cm^3/s}$〕，Δh：水頭差〔cm〕である。

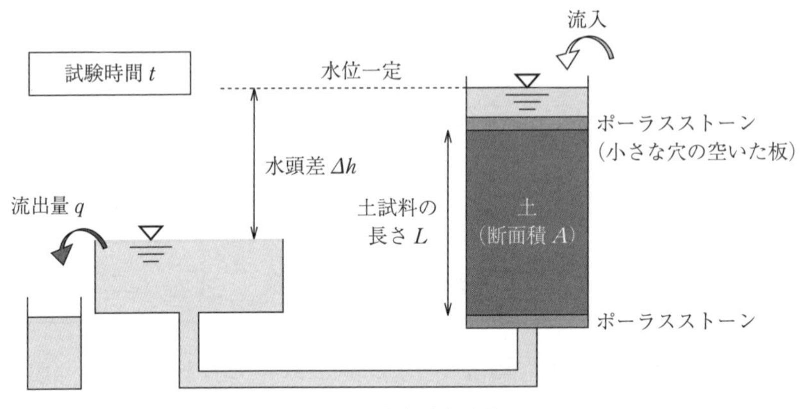

図 2.5　室内透水試験

〔2〕　**変水位透水試験**　　**図 2.6** は変水位透水試験の装置の簡易図である。定水位との違いは，水を流している最中に，水を加えないことである。試験中は水位が下がり続けるため，「変」水位透水試験という。そのほかは定水位透水試験と同様である。試験後の水位が下がったということは，素早く水が抜けたことを意味し，すなわち透水係数が大きいことを示す。本試験で流量や時間を計測することで，土の透水係数が求まる。水位が一定か下がるかの違いだけなのに，定水位に比べると，式 (2.8) はなんともややこしい。

$$\text{透水係数（変水位）}: k = \frac{2.3aL}{A(t_2 - t_1)} \log_{10} \frac{h_1}{h_2} \tag{2.8}$$

ここで，k：透水係数〔cm/s〕，A：試験土の断面積〔$\mathrm{cm^2}$〕，a：細い管の断面積〔$\mathrm{cm^2}$〕，L：土試料の長さ〔cm〕，h_1：試験開始時の水頭差〔cm〕，h_2：試験終了時の水頭差〔cm〕，t_1：試

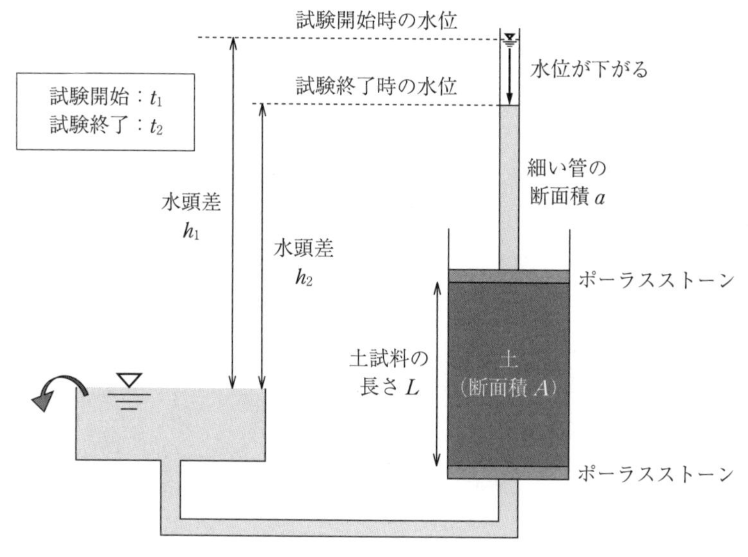

図 2.6　室内透水試験

験開始時刻〔s〕，t_2：試験終了時刻〔s〕である。

2.3.2 現場透水試験

現場透水試験は現場で実施する透水試験である。現場に出向き，ポンプ 1 台と穴を 3 か所空けることで，足下の土の透水係数がわかるのだ（**図 2.7**）。

図 2.7　現場透水試験

まずは地面に穴を 1 か所空け，ポンプを使って地下水をくみ上げる。すると穴周辺の地下水位は下がる。そこでさらに周辺に穴（**観測井**（かんそくせい））を 2 か所空け，低下した水位の位置を計測する。もし，地盤の透水係数が大きければ，周囲から水が供給されるので，地下水位はあまり下がらず，ポンプでくみ上げる水（**揚水**（ようすい））の量は大きい。逆もまたしかりである。この原理を用いて，透水係数を算定するのだ。

なお，地盤の条件により**自由地下水**と**被圧地下水**に分けられ，考え方が違うため，それぞれを説明する。

〔1〕 **自由地下水**　　**図 2.8** は自由地下水の現場透水試験の簡易図である。岩や粘土といっ

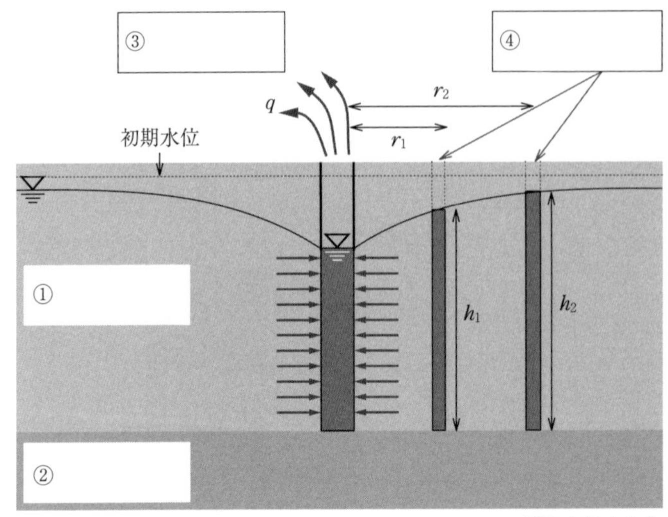

図2.8　現場透水試験（自由地下水）

た透水性の小さい層（不透水層）が地面深くにあり，その上には砂など透水性の高い層（透水層）で占められている。このような地盤条件下での地下水を自由地下水といい，透水係数は式(2.9)により計算できる。

$$\text{透水係数（自由）}：k = \frac{2.3q}{\pi(h_2{}^2 - h_1{}^2)} \log_{10} \frac{r_2}{r_1} \tag{2.9}$$

ここで，k：透水係数〔cm/s〕，q：単位時間当りの流量〔$\mathrm{cm^3/s}$〕，h_1：近いほうの観測井での地下水位〔cm〕，h_2：遠いほうの観測井での地下水位〔cm〕，r_1：近いほうの観測井までの距離〔cm〕，r_2：遠いほうの観測井までの距離〔cm〕である。

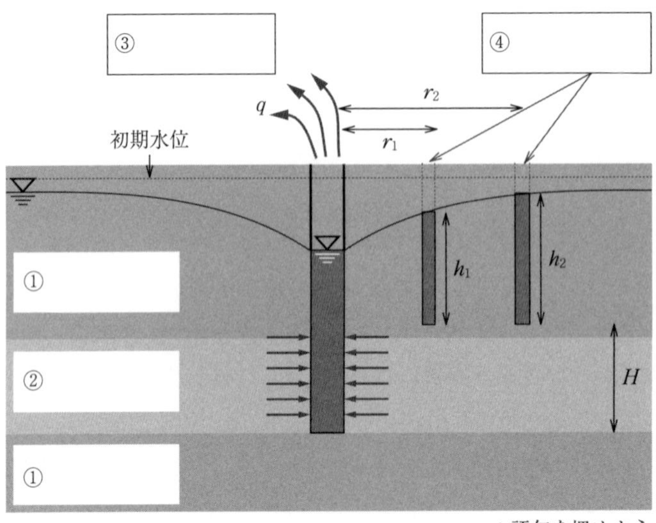

図2.9　現場透水試験（被圧地下水）

〔2〕 **被圧地下水**　**図 2.9** は被圧地下水の現場透水試験の簡易図である。岩や粘土といった透水性の小さい層（不透水層）が地面深くにあるのに加え，地表面も不透水層で覆われている。このような地盤条件下での地下水を被圧地下水といい，透水係数は式 (2.10) により計算できる。

$$透水係数（被圧）：k = \frac{2.3q}{2\pi H(h_2 - h_1)} \log_{10} \frac{r_2}{r_1} \tag{2.10}$$

ここで，k：透水係数〔cm/s〕，q：単位時間当りの流量〔cm^3/s〕，h_1：近いほうの観測井での地下水位〔cm〕，h_2：遠いほうの観測井での地下水位〔cm〕，r_1：近いほうの観測井までの距離〔cm〕，r_2：遠いほうの観測井までの距離〔cm〕，H：透水層の厚さ〔cm〕である。

2.4 流　　線　　網

地中を流れる水の水量を計算する方法として**流線網**がある。これは壁の下を回り込む水に対してよく使う。例えば，水をせきとめる壁（止水壁）をつくる際，どの程度の流出量になるのか，計算しなければならない。

2.4.1 流 量 の 計 算

図 2.10 を見てみよう。壁により水をせき止めている。いろいろ描いているが，「流出」と書かれた上向きの矢印に着目してほしい。これら矢印五つを足し合わせた流量が，求めたい流出量 q のことである。

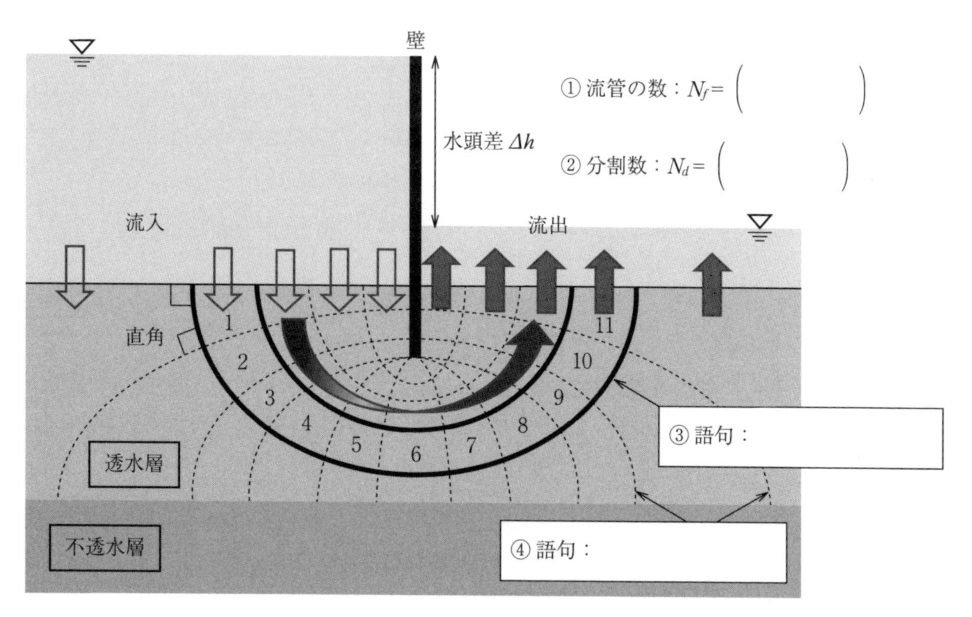

図 2.10　流線網

さて，細かいことは後に回して，式 (2.11) を紹介する。

$$q = k\Delta h\frac{N_f}{N_d} \tag{2.11}$$

図 2.10 の地盤に網目模様が描かれている。これを流線網という。じつは，この網を数えることで，流出量 q が計算できるのだ。式 (2.11) の N_d は上向き矢印の数（ここでは 5），N_f は網で分割された数（ここでは 11）である。Δh は水頭差（単位は〔m〕や〔cm〕）であり，この場合，水位差のことである。k はもちろん透水係数（単位は〔m/s〕や〔cm/s〕）だ。これらを式 (2.11) に従い，掛けたり割ったりすると，流出量 q（単位時間かつ単位奥行当り）が得られる。

2.4.2 作 図 方 法

では，細かい話を始めよう。流線網は，図 2.10 のように，**流線**と**等ポテンシャル線**を描くことで完成する。いっぱい線があって見にくいかもしれないが，実線（下に凸）が流線で，破線（上に凸）が等ポテンシャル線である。それぞれについて説明する。

〔1〕 流　　線　まずは構造物の下部を回り込むように，数本の曲線を描く。これらの曲線を流線と呼ぶ。地中の水は矢印のように，この流線に沿って流れる。流線を一部取り出すと，**図 2.11** のようになる。曲がっているものの，図 2.2 と同様の「パイプ」とみなせるのがポイントで，このパイプを**流管**と呼ぶ。パイプ（流管）であれば，式 (2.6) に従って，水の流れの計算ができる。図 2.10 の場合，流管は 5 本あるので，5 本分の流量を足し合わせることで，壁背面からあふれ出る流量が計算できる（実はパイプ 1 本分の流量を計算して，単に 5 倍すればよい）。

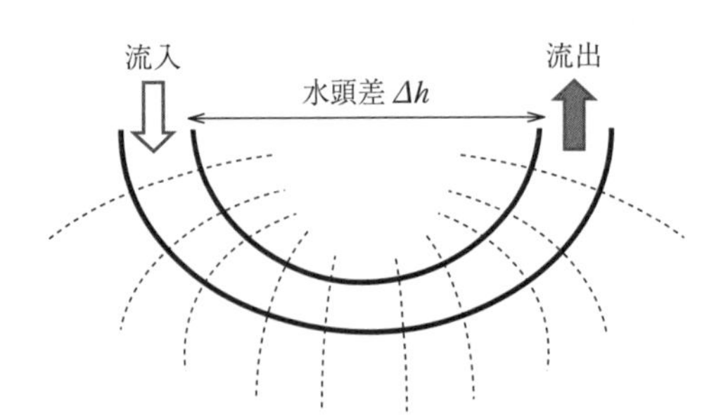

図 2.11　流線網（流線を一部取り出し）

〔2〕 等ポテンシャル線　流線のつぎに，流線に対して直角に，かつ区切りが正方形状となるように曲線を描く。これを等ポテンシャル線と呼ぶ。おおよそ図 2.10 のようになれば流線網が完成である。区切りは必ずしも正方形の必要はないが，極端にいびつな形になる場合，作図をやり直すことになる。

等ポテンシャル線だけを取り出したのが**図 2.12** だ。ポテンシャルとは水頭とほぼ同じ意味で，地中にストローを突き刺したときの，ストロー内の水位のことである。「等」ポテンシャル線なので，同一線上では，ポテンシャルが等しいという意味だ。さて，図のように，等ポテンシャル線に 0 ～ 11 の番号を付けた。水底もポテンシャル線としてカウントする。左の水底

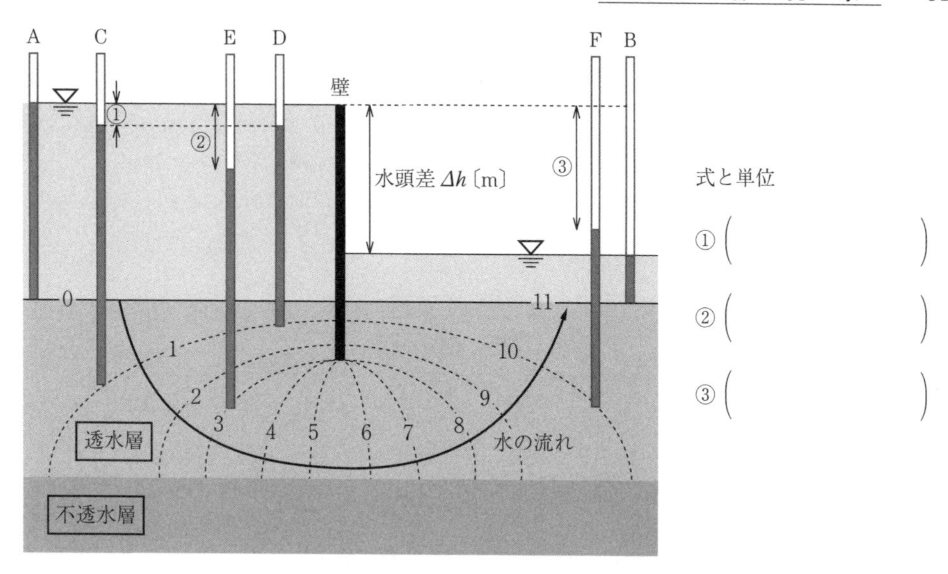

図 2.12 流線網（等ポテンシャル線を取り出し）

（ポテンシャル線の番号 0）から出発し，矢印に沿って進み，右の水底（ポテンシャル線の番号 11）にたどり着いたとき，ストロー A に対してストロー B は Δh〔m〕下がっている。ポテンシャル線をまたぐごとにポテンシャルが下がると考えてよい。この図では A から B まで 11 回下がるので，等ポテンシャル線ごとに，ストロー内の水位は $\Delta h/11$〔m〕ずつ下がる。ストロー C と D は同じポテンシャル線上に位置するので，ストロー内の水位は等しく，ストロー A に対してともに $\Delta h/11$〔m〕低い。同様に，ストロー E や F では…と考えて，穴埋めしよう。

2.5 毛 管 現 象

図 2.13 のように，水に細い管を刺すと，水は管内を昇っていく。これは**毛管現象**と呼ばれる現象で，図 2.2 のストロー内の水位上昇とは異なる原理である。ストローが細いほど水は高く上昇するという特徴がある。また吸い上げる力のことを**サクション**と呼ぶ。

土においても，間隙がストローの役割を果たし，毛管現象が生じる。例えば，水面に堤防を

現象名（① ）

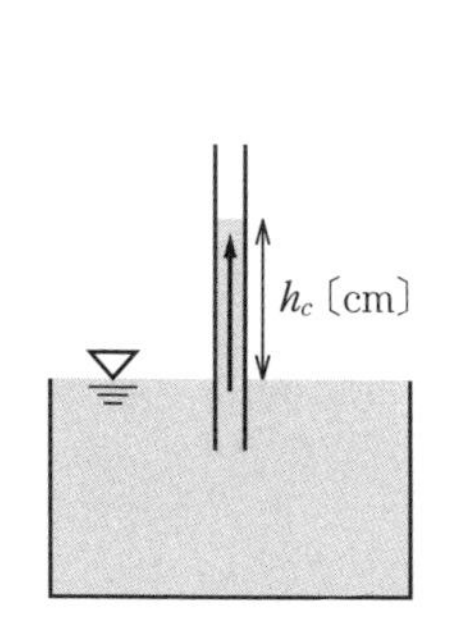

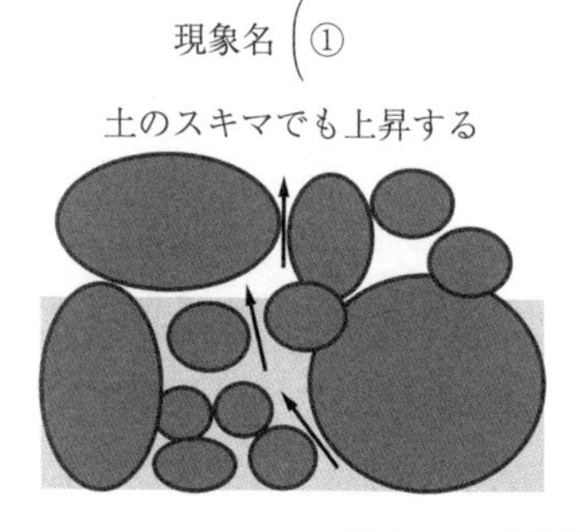

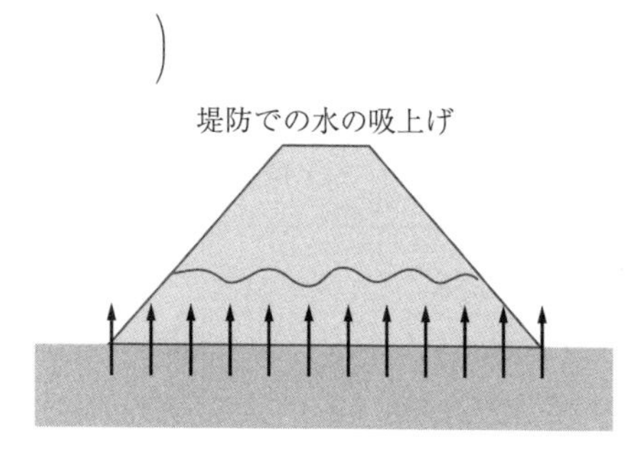

図 2.13 毛管現象

造築すると，堤防が水を吸い上げる。堤防に水が含まれると，強度が低下する恐れがあるため，毛管現象はやっかいである。このような事態を予測するため，毛管現象による水の吸上げ高さ（毛管現象高 h_c〔cm〕）を求める，式(2.12)が提案されている。C は定数で，0.1 ～ 0.5 cm^2 の値をとる。また，e：間隙比，D_{10}：有効径〔cm〕である。

$$h_c = \frac{C}{eD_{10}} \tag{2.12}$$

章　末　問　題

復　習　問　題

以下の空欄を埋めよ。特に指示がない場合は語句を書け。

【1】　水の流れやすさを表現するために，（① 語句と記号）があり，土によってそれぞれ異なる値を持つ。また，水が流れているときの傾き（のようなもの）を表す諸元を（② 語句と記号）という。土中の水の流速 v は，①や②の記号を用いて（③ 式と名称）と表される。砂の（①）はおよそ（④ 数値と単位）であり，粘土の（①）はおよそ（⑤ 数値と単位）である。よって，砂と粘土では（⑥）のほうが，水が流れにくい。

【2】　透水係数を求める試験を（①）といい，おもに試験室で実施する（②）と屋外で実施する（③）に大別される。（②）は試験時の水位条件により（④）と（⑤）に分けられる。試験土の透水係数が比較的小さそうなとき（⑤）のほうを用いる。また（③）は，現地の地下水の条件として（⑥）と（⑦）があり，それぞれによって透水係数を求める式が異なる。

【3】　ダム下などの地中を流れる水の流量を求めるときに使用する図を（①）と呼ぶ。（①）では（②）と（③）が直角に交差するように描き，区切られた正方形（状）の数を数えることで，流量の計算が可能となる。

【4】　水に細い管を刺すと，水は管内を昇っていく。これは（①）と呼ばれ，管でなくとも，土粒子間の小さなスキマからでも，水は昇っていく。このとき吸い上げる力のことを（②）と呼ぶ。砂と粘土では（③）のほうが，水は大きく上昇する。

［解答欄］

【1】	①	②	③	
	④	⑤	⑥	
【2】	①	②	③	④
	⑤	⑥	⑦	
【3】	①	②	③	
【4】	①	②	③	

基 本 問 題

以下の問に答えよ。単位が必要な場合は必ず書け。

【1】 図2.14のように，土が詰まったパイプ内を水が流れている。以下の問に答えよ。

(1) 透水係数から判断して，この土の種類は礫・砂・シルト・粘土のいずれであるか。

(2) パイプの直径が$R=0.02$ mのときのこのパイプの断面積A〔$\mathrm{cm^2}$〕を求めよ。

(3) パイプ内の土を流れる水の流速vを求めよ。

(4) パイプ内の土を流れる水の流量qを求めよ。

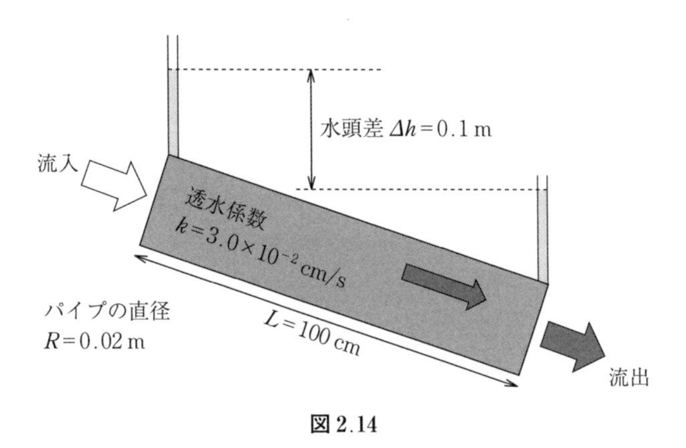

図2.14

［解答欄］

【2】 土が詰まったパイプ内を水が流れている。パイプの断面積$A=200\ \mathrm{cm^2}$，パイプ上下の水頭差$\Delta h=5$ cm，パイプ長さ$L=1$ m，透水係数$k=5.0\times10^{-5}$ m/sのとき，5分間の間に流れる水の流量Qはいくらか。

［解答欄］

【3】 図2.15のような定水位透水試験を実施したところ，試験時間の5分間で0.000 3 $\mathrm{m^3}$の流量が得られた。以下の問に答えよ。

(1) つぎの諸元を指定の単位に換算せよ。

① 土試料の断面積A〔$\mathrm{cm^2}$〕 ② 土試料の長さL〔cm〕 ③ 試験時間t〔s〕 ④ 流量Q〔$\mathrm{cm^3}$〕
⑤ 水頭差Δh〔cm〕

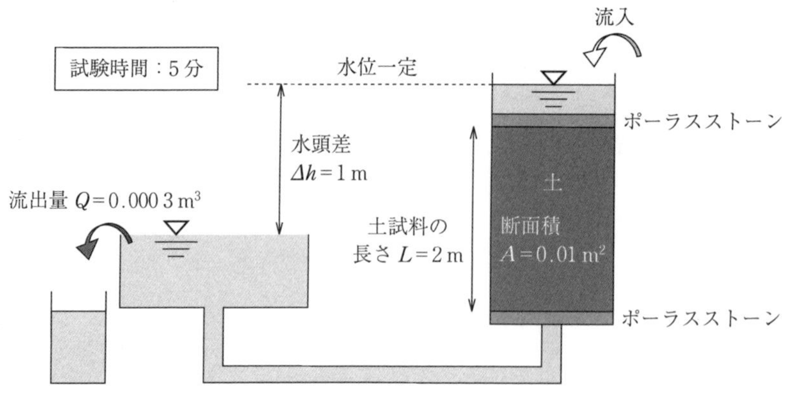

図 2.15

(2)　この試験で使用した土の透水係数 k はいくらか。

(3)　透水係数から推察すると，この土の種類は礫・砂・シルト・粘土のいずれであるか。

【4】　**図 2.16** のような変水位透水試験を実施したところ，3分50秒の間に，水頭が2mから1mに低下した。以下の問に答えよ。なお，$\log_{10}2=0.3$ として計算せよ。

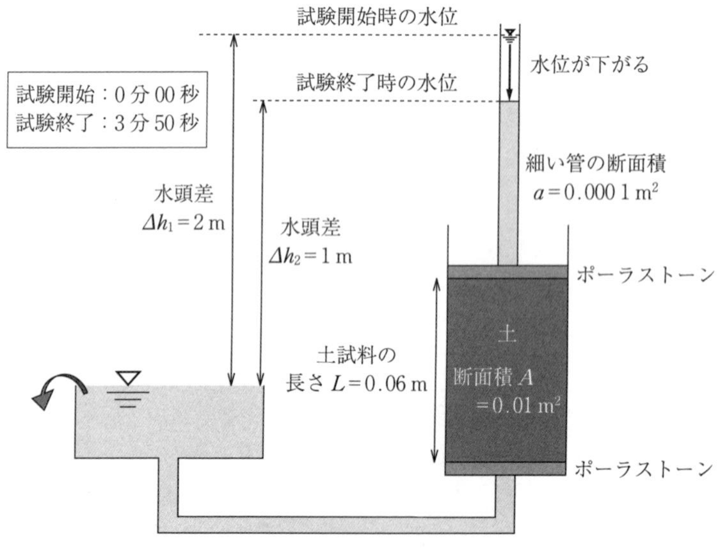

図 2.16

(1)　つぎの諸元を指定の単位に換算せよ。

①土試料の断面積 A〔cm^2〕　②土試料の長さ L〔cm〕　③試験時間 t〔s〕

④細い管の断面積 a〔cm^2〕　⑤試験開始時の水頭 h_1〔cm〕　⑥試験終了時の水頭 h_2〔cm〕

(2)　この試験で使用した土の透水係数 k はいくらか。

(3)　透水係数から推察すると，この土の種類は礫・砂・シルト・粘土のいずれであるか。

［解答欄］

【5】　ある透水層の透水係数を調べるために現場透水試験を実施した。ポンプで 31.4 m^3/h の流量で地下水をくみ上げたところ，**図 2.17** のような地下水位に落ち着いた。以下の問に答えよ。

(1)　図の地盤条件から判断して，この地下水はなんという地下水か答えよ。

(2)　この地盤の透水層の透水係数 k を求めよ。

(3)　透水係数から推察すると，この土の種類は礫・砂・シルト・粘土のいずれであるか。

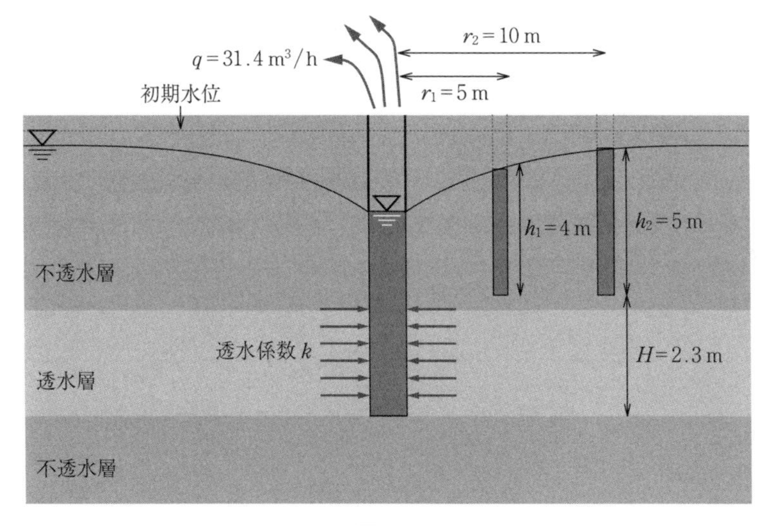

図 2.17

［解答欄］

【6】 **図 2.18** のような厚さ 12 m の透水性地盤の上に，止水壁を建設した。事前の現場透水試験により $k=5.0\times10^{-3}$〔cm/s〕が得られている。以下の問に答えよ。

(1)　図中の地盤に流線網を描け。

(2)　1 日間で，このダムの下部を回り込む地下水の水量（奥行 1 m 当り）Q を求めよ。

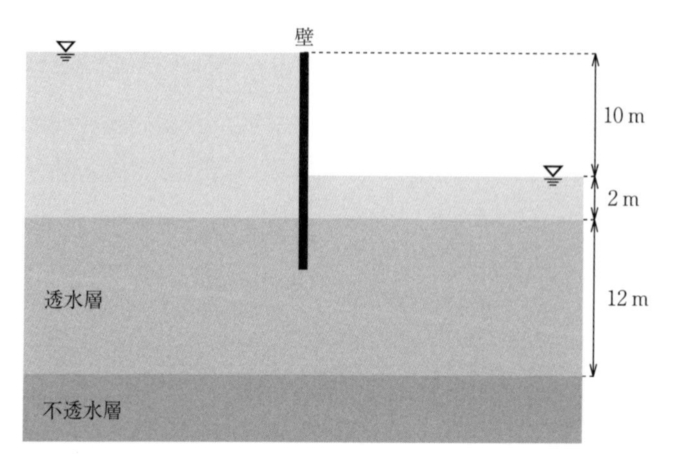

図 2.18

［解答欄］

【7】 ある飽和地盤の上に，堤防を構築した。この堤防の土に対して，室内試験を実施したところ，土粒子密度 $\rho_s=2.6$ g/cm^3，有効径 $D_{10}=0.5$ mm であった。またこの土を 1.6 L の容器に詰めて乾燥させたところ，質量 m_s は 2.08 kg となった。以下の問に答えよ。

(1)　この土の間隙比 e を求めよ。

(2)　この堤防は毛管現象により，最大でどの程度まで水を吸い上げるか。

［解答欄］

難　　問

【1】 透水試験について，式 (2.7)～(2.10) を導け。

(1)　定水位透水試験

$$k=\frac{qL}{A\Delta h} \qquad (2.7) \text{ 再掲載}$$

(2)　変水位透水試験

$$k=\frac{2.3aL}{A(t_2-t_1)}\log_{10}\frac{h_1}{h_2} \tag{2.8 再掲載}$$

(3)　現場透水試験（自由地下水）

$$k=\frac{2.3q}{\pi(h_2^{\,2}-h_1^{\,2})}\log_{10}\frac{r_2}{r_1} \tag{2.9 再掲載}$$

(4)　現場透水試験（被圧地下水）

$$k=\frac{2.3q}{2\pi H(h_2-h_1)}\log_{10}\frac{r_2}{r_1} \tag{2.10 再掲載}$$

【2】 流線網について，以下の問に答えよ。

(1)　流線とポテンシャル線が直交することを示せ。

(2)　流出量が式 (2.11) になることを示せ。

$$q=k\Delta h\frac{N_f}{N_d} \tag{2.11 再掲載}$$

公務員試験問題

図 2.19 のように，不透水層地盤の上に厚さ 12.0 m の均質な砂質土層があり，砂質土層に深さ 4.0 m まで鉛直に打ち込まれた矢板によって，左右が水位差 4.5 m で仕切られている。砂質土層の流線網が図のように描かれるとき，1 日当りの透水量（流量）Q を求めよ。ただし，砂質土層の透水係数は 5.0×10^{-2} m/s とする。［東京都 平成 30 年度 1 類 B（一般方式）採用試験 技術（土木）］

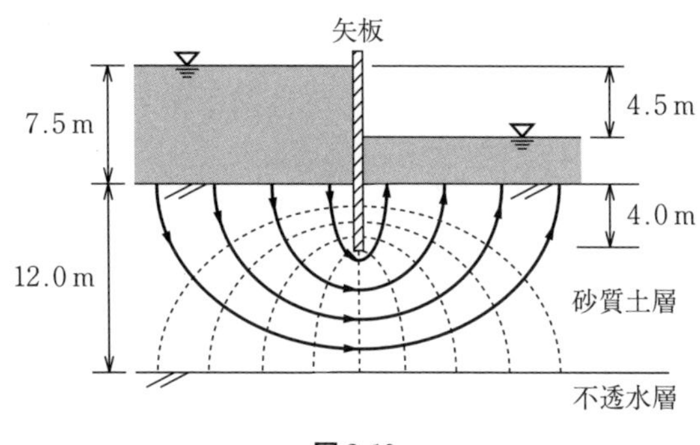

図 2.19

③ 土の応力

地面の上に建物をつくると，その重さにより土は力を受ける。建物がなくとも，土は自身の重みで力を受け，地中深くの土は，日々ギュウと押さえつけられている。土は強く押さえつけられると，固く，強くなる性質を持つ。これは第 4 章以降のテーマに密接に関係する話である。本章ではその前段階として，土がどのくらいの力で押さえつけられているか，計算できるようにしよう。

3.1 力と応力

まず，**力**と**応力**の違いはわかるだろうか。上記の導入部では土の「力」としたが，通常土の場合は「応力」と表現する。そのほうが使い勝手がいいからだ。

図 3.1 を見てほしい。細い棒（断面積 1 m²）と太い棒（断面積 10 m²）をそれぞれ 10 kN で押さえている。この場合，棒に作用する力はともに 10 kN である。しかし，ちょっと考えてほしい。同じ力でも，細い棒の負担は大きく，太い棒の負担は小さくなかろうか。このあたりを数値で表現したい。そこで応力の登場である。応力とは，力を断面積で割った値である。したがって，細い棒と太い棒の応力はそれぞれ 10 kN/m²，1 kN/m² となる（単位は大丈夫だろうか。「力を面積で割った」ことを示す単位になっているか）。応力で表現することで，細い棒のほうが，太い棒に比べ 10 倍負担が大きいことが見て取れる。

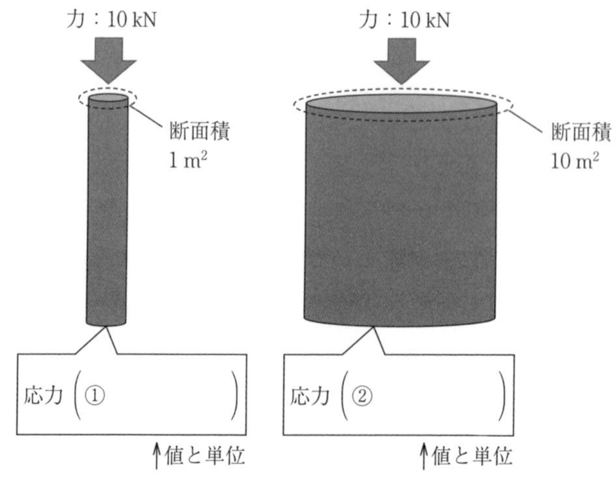

図 3.1　応力の説明

土の場合も，「土がどれだけ負担を受けているか」を重視するため，応力を使って表現する。

3.2　有効応力の原理

土の応力の計算をする前に，知っておいてほしいのがテルツアギーの提唱した**有効応力の原理**である。難しそうな名前だが，まったくの見かけ倒しである。

図 3.2 は土中の拡大図である。土中の応力は，① 土粒子どうしの接触，および，② 土粒子間の水による圧力の二つにより生じる。ここで土粒子どうしの接触による応力を**有効応力**，土粒子間の水による圧力を**間隙水圧**という。そして，二つを合わせて**全応力**という。式で書くと式 (3.1) のようになる。

有効応力の原理：$\sigma=\sigma'+u$〔kN/m²〕　(3.1)

ここで，全応力を σ（シグマ），有効応力を σ'（シグマダッシュ），間隙水圧を u（ユー）という記号で表す。繰り返すが，σ，σ'，u はすべて応力の仲間なので，単位はいかなるときも〔kN/m²〕である。

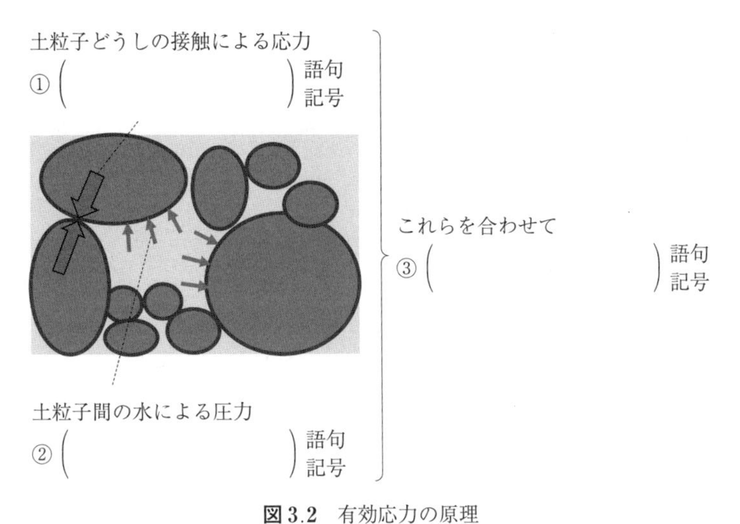

図 3.2　有効応力の原理

3.3　応 力 の 計 算

いくらか前置きしたが，本題である土中の応力を計算しよう。結論をいうと，単位体積重量 γ と対象とする地点の深さ z を掛けてやればよい。全応力を求める式は式 (3.2) のとおりである。ここでの γ は γ_d，γ_t，γ_{sat} のいずれかを指す。

全応力：$\sigma=\gamma z$〔kN/m²〕　(3.2)

一方，式 (3.3) のように水の単位体積重量 γ_w に z を掛けると，水の応力（土は関係ない）を計算できる。水の応力とは，すなわち間隙水圧である。γ_w と記号で書くことが多いが，これは 9.8 kN/m^3 という決まった値であることも，改めてここに記しておく。

間隙水圧：$u=\gamma_w z$〔kN/m^2〕　(3.3)

単位について触れておく。γ（γ_d, γ_t, γ_{sat}, γ_w）の単位〔kN/m^3〕に，z の単位〔m〕を掛けると〔kN/m^2〕となり，これは応力の単位と一致している。

3.3.1　例題を解こう！（地下水位が地表面に一致する場合）

例題 3.1 を通じて，地下水位が地表面に一致する場合の応力を考えてみよう。

例題 3.1

図 3.3 のような，飽和単位体積重量 $\gamma_{sat}=20$ kN/m^3 の地盤がある。飽和した地盤ということは地下水位が地表面と一致しているともいえる。深さ $z=10$ m にある★印の点における応力（全応力 σ，間隙水圧 u，有効応力 σ'）を求めよ。

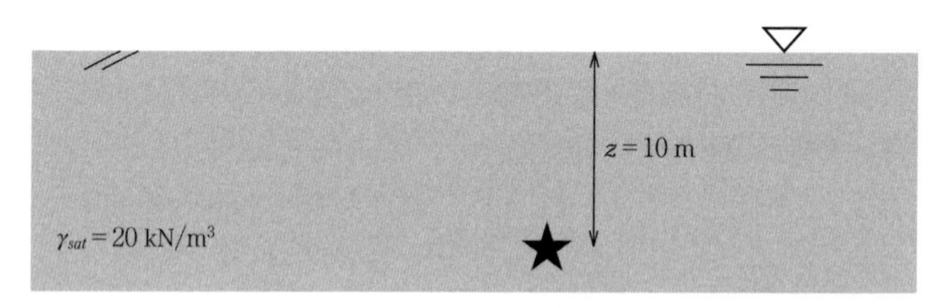

図 3.3

【解答】

(1)　全応力 σ

$$\sigma=\gamma_{sat}\times z=200\ \mathrm{kN/m^2}$$

式 (3.2) より，γ_{sat} と z を掛ければいい。

(2)　間隙水圧 u

$$u=\gamma_w\times z=98\ \mathrm{kN/m^2}$$

式 (3.3) より，γ_w と z を掛ければいい。水の単位体積重量（$\gamma_w=9.8$ kN/m^3）は知っておかないといけない。

(3)　有効応力 σ'

$$\sigma'=\sigma-u=102\ \mathrm{kN/m^2}$$

有効応力の原理（式 (3.1)）を利用しよう。全応力と間隙水圧がわかっているので，差し引けばよい。全応力→間隙水圧→有効応力の順で計算するとスムーズだ。　◇†

† ◇印は解答の終わりを示す。

3.3.2　例題を解こう！（地下水位が地表面に一致しない場合）

例題 3.2 を通じて，地下水位が地表面に一致しない場合の応力を考えてみよう。

例題 3.2

図 3.4 のような，地下水位が地表面より下にある場合の，★印の点の応力（全応力 σ，間隙水圧 u，有効応力 σ'）を求めよ。

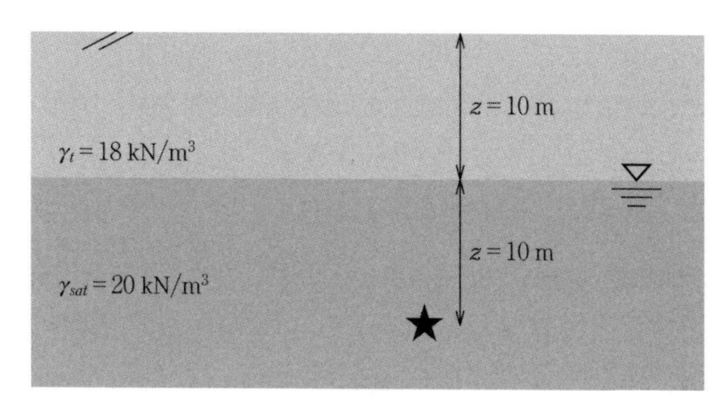

図 3.4

【解答】

(1)　全応力 σ

$$\sigma=\gamma_t\times z_1+\gamma_{sat}\times z_2=380\ \mathrm{kN/m^2}$$

水面より上と下に分けて，それぞれを足し合わせるという手順を踏んだ。

(2)　間隙水圧 u

$$u=\gamma_w\times z_2=98\ \mathrm{kN/m^2}$$

間隙水圧の場合，水に関する話なので z_1 は関係ない。ここでも，水の単位体積重量 $\gamma_w=9.8$ kN/m^3 を使う。

(3)　有効応力 σ'

$$\sigma'=\sigma-u=282\ \mathrm{kN/m^2}$$

これまでと同様に，全応力と間隙水圧がわかっているので，差し引けばよい。　◇

3.3.3　例題を解こう！（上載荷重が作用する場合）

例題 3.3 を通じて，上載荷重が作用する場合の応力を考えてみよう。

例題 3.3

図 3.5 のような，地表面に上載荷重 $q=10$ kN/m^2 が作用している場合の，★印の点の応力（全応力 σ，間隙水圧 u，有効効力 σ'）を求めよ。上載荷重とは，建物や盛土などによる付加重量を指す。

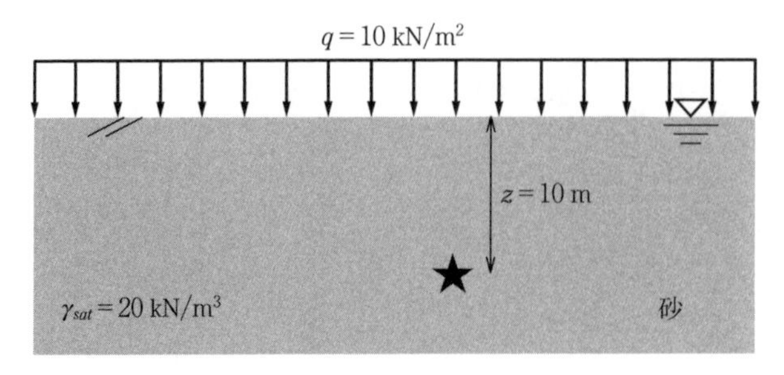

図3.5

【解答】

(1)　全応力 σ

$$\sigma = \gamma_{sat} \times z + q = 20 \times 10 + 10 = 210\ \mathrm{kN/m^2}$$

まずは素直に全応力を計算し，上載荷重 q を足せばよい。

(2)　間隙水圧 u

$$u = \gamma_w \times z = 98\ \mathrm{kN/m^2}$$

上載荷重は間隙水圧に影響しない。q を足してしまわないよう注意してほしい。

(3)　有効応力 σ'

$$\sigma' = \sigma - u = 112\ \mathrm{kN/m^2}$$

これまでと同様に，全応力と間隙水圧がわかっているので，差し引けばよい。

なお，3.3.1 項と比べると，全応力と有効応力が 10 kN/m^2 増え，間隙水圧には変化がない。つまり，土の上におもりを載せると，土粒子の粒どうしが支えるのであって，水圧はまったく頑張らないのだ。　◇

章　末　問　題

復　習　問　題

以下の空欄を埋めよ。特に指示がない場合は語句を書け（／で語句を並べているところは，その中から選択せよ）。

【1】　力の単位は（① 記号）である。力を面積で割った値を（②）と呼び，土の世界ではおもに（②）を使う。その単位は（③ 記号）である。

【2】　土粒子の接触による応力を（① 語句と記号），間隙の水による圧力を（② 語句と記号）という。そして，これら二つを足し合わせて（③ 語句と記号）と呼ぶ。以上のような原理を（④）という。なお，（①），（②），（③）はいずれも応力（圧力）の仲間なので，単位は（⑤ 記号）である。

【3】　土中の全応力は，土の単位体積重量 γ と，対象とする地点の深さ z を（① 足す／掛ける）ことで計算できる。

〔**解答欄**〕

【1】	①	②	③

【2】	①	②	③	④
	⑤			
【3】	①			

基　本　問　題

以下の問に答えよ。単位が必要な場合は必ず書け。

【1】 図 3.6 の飽和地盤における★印の点の応力（① 全応力 σ，② 間隙水圧 u，③ 有効応力 σ'）を求めよ。

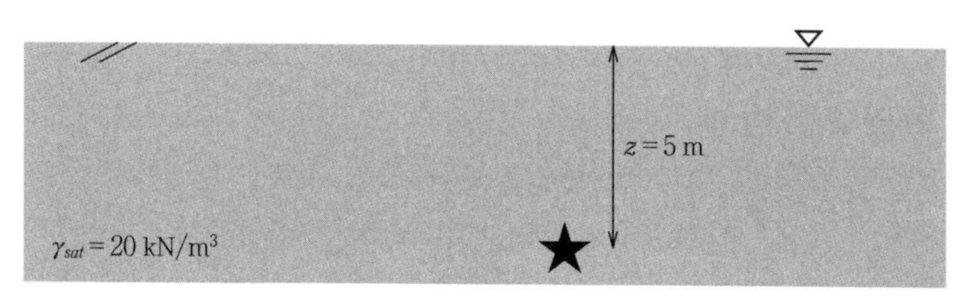

図 3.6

［解答欄］

【2】 図 3.7 のように地中に地下水がある場合，★印の点の応力（① 全応力 σ，② 間隙水圧 u，③ 有効応力 σ'）を求めよ。

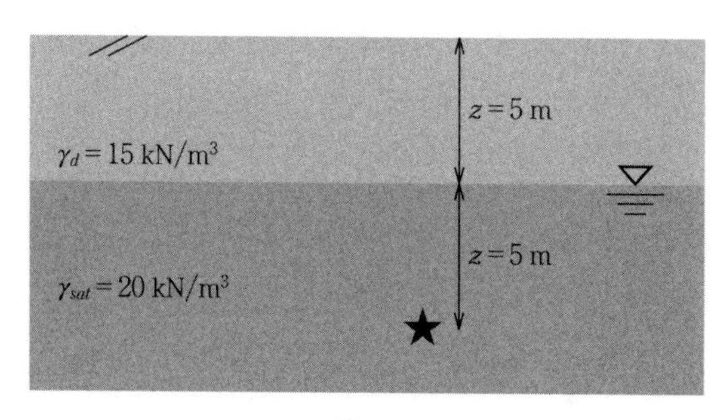

図 3.7

［解答欄］

【3】 図3.8に示す地盤に上載荷重が作用する場合，★印の点の応力（① 全応力 σ，② 間隙水圧 u，③ 有効応力 σ'）を求めよ。

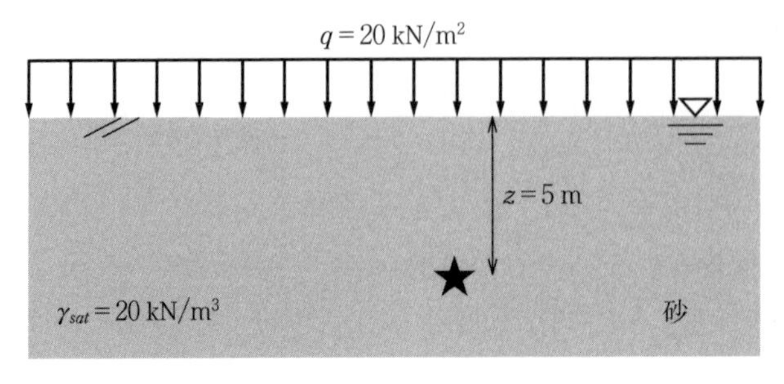

図3.8

［解答欄］

難　　　問

図3.9のような半無限地盤に集中荷重 P が作用する場合，点Aでの鉛直方向の増加応力 $\Delta\sigma_z$ として正しいものをつぎの中から選べ。ただし，地盤は等方線形弾性体（ヤング率 E）とする。

ア. $\dfrac{3Pz^4}{2\pi R^5}$　イ. $\dfrac{3P^2z}{2\pi ER^5}$　ウ. $\dfrac{3Pz^3}{2\pi R^5}$　エ. $\dfrac{3P^2z^2}{2\pi ER^5}$

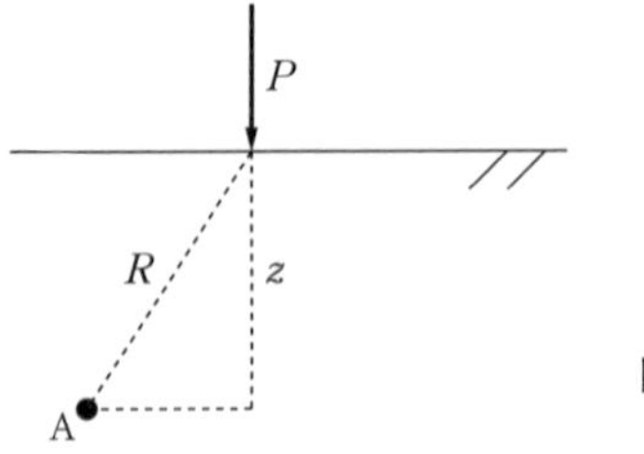

図3.9

公務員試験問題

図 3.10 のように，均質な水平成層地盤の地表面から深さ 7.0 m の点 A における鉛直方向の有効応力 σ' を求めよ。ただし，地下水面は地表面から 2.0 m の深さに位置し，地下水面以浅の湿潤単位体積重量 γ_t は 17.0 kN/m^3，地下水面以深の飽和単位体積重量 γ_{sat} は 20.0 kN/m^3，水の単位体積重量 γ_w は 9.8 kN/m^3 とする。［東京都 平成 29 年度 1 類 B（一般方式）採用試験 技術（土木）］

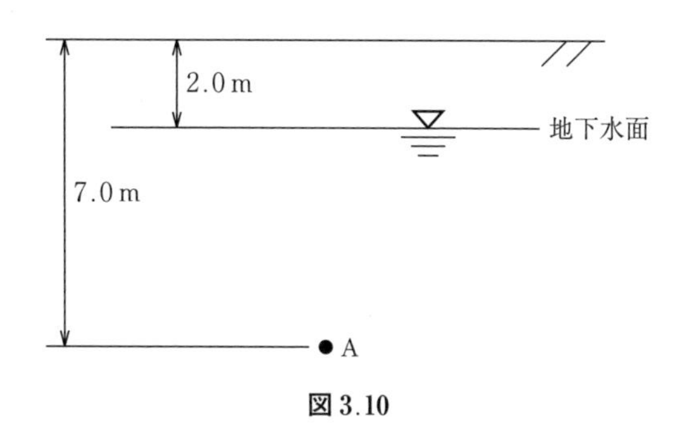

図 3.10

圧　　　密

地盤の上に土木構造物をつくると，その重さにより地盤は沈下する。そしてある条件が整うと，盛土は自身の重みで，いつまでも沈下し続ける。これは圧密と呼ばれるやっかいな現象である。また圧密の量を予測する計算方法もある。順を追って説明しよう。

4.1　圧　密　と　は

圧密を一言でいうと，**図 4.1** のように「地面に重たいものを置くと，いつまでも沈下が続く現象」である。もう少し専門的にいうと，「飽和した軟弱粘土地盤が載荷を受けることで，間隙水の排水をともないながら，長期にわたり沈下・変形する現象」である。ここにポイントがいくつかある。

① 飽和粘土で生じる

砂では圧密と呼ばない。また，乾燥していても圧密は生じない。飽和粘土限定である。

② 間隙水の排水をともなう

水に浸したスポンジを押さえると，水を噴き出しながらスポンジがつぶれる。圧密はこれと同じで，飽和粘土に力を加えると，水を排出しながらつぶれる。

③ 長期にわたる

水が外に出ていこうとするも，粘土なので透水係数が小さく，非常に時間がかかる。

以上が圧密の特徴である。長期というのは本当に長くて，何十年・何百年というスパンである。せっかく工事してつくっても，何百年も沈下されては大変だ。

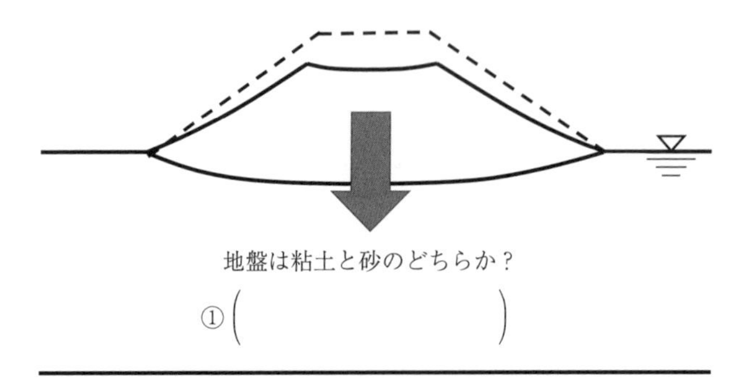

図 4.1　圧密のイメージ（例：堤防）

4.2 圧 密 試 験

粘土にも強い・弱いがある。粘土なので圧密は避けられないが，仮に圧密してもほとんど沈下しないのなら，強い粘土といえよう。いま，目の前にある粘土が，強いのか，あるいは弱いのかを知りたいときに実施するのが，**圧密試験**である。

4.2.1 試 験 手 順

図 4.2 のような小さな容器（直径 6 cm，高さ 2 cm の円柱型）に飽和粘土を詰め，上から力を加えていく。容器の上下には排水のための小さな穴が空いており，粘土に力を加えると水が徐々に絞り出される（これが圧密である）。このとき「加えた圧力」と粘土が「縮んだ量」を記録しておく。最初は小さな圧力（10 kN/m^2）から始め，1 日間，縮んだ量〔mm〕を測る。つぎの日，さらに大きな圧力（25.0 kN/m^2）を加え，また 1 日間，縮んだ量をはかる。この操作を 8 回繰り返し，最後の大きな圧力（1 600 kN/m^2）を加えて，1 日間，縮んだ量をはかる。以上で試験終了である。

文字にすると数行だが，実際に実施すると数週間に及ぶ大変な試験である。

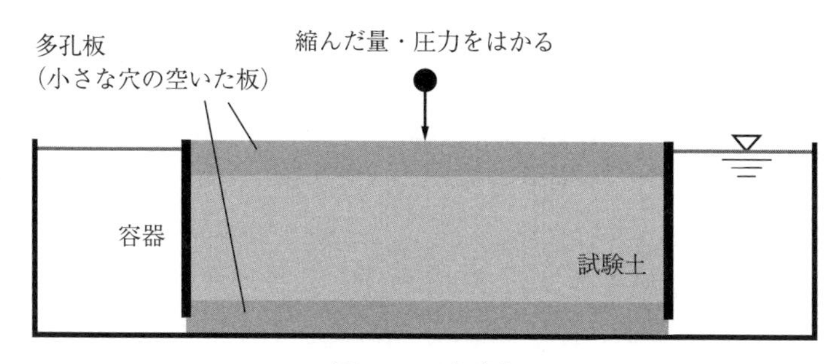

図 4.2　圧密試験

4.2.2 試 験 結 果

〔1〕 **簡単な説明**　　試験結果は**図 4.3** のような **e–log P 曲線**として整理される。このグラフを一言でいうと，「粘土を押すと，スキマがつぶれていく」ということである。

〔2〕 **詳しい説明**　　それでは，きちんと e–log P 曲線の説明をしよう。ここから数ページにわたって説明するので，頑張ってほしい。

横軸は**圧密応力**と呼ばれ，右に進むほど粘土は強く押されている。縦軸は間隙比で，下に進むほど，スキマがつぶれて粘土が縮んでいく。したがってこのグラフは，左上から始まって，右下に向かって進んでいる。

ここで名称を一挙に紹介する。名称が付いているということは重要だからだ。どうでもいいことに名前は付かない。グラフの途中に折れ曲がり点がある。これは**圧密降伏点**と呼ぶ。圧密

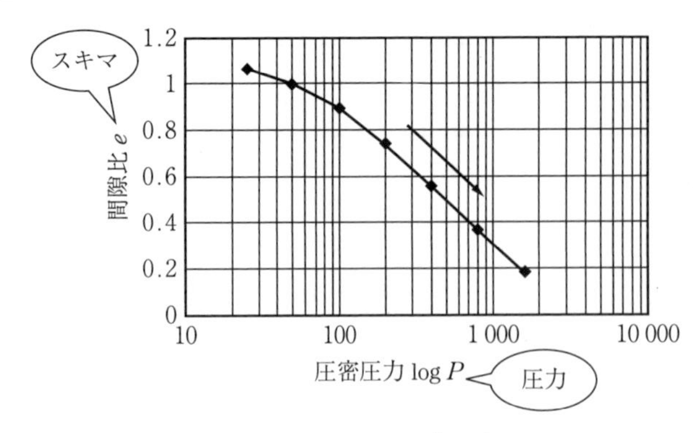

図 4.3　e-log P 曲線（概要）

降伏点に対応する圧力を**圧密降伏応力**といい，P_c という記号で表す。さらに，圧密降伏より左側を**過圧密領域**，右側を**正規圧密領域**と呼ぶ。正規圧密（領域）でのグラフの傾きを**圧縮指数**（記号は C_c）という。e-log P 曲線が書けると，P_c と C_c が読み取れるのだ。これらの値は次節での圧密量の計算の際によく使う。

以上を踏まえて**図 4.4** を埋めてみよう。

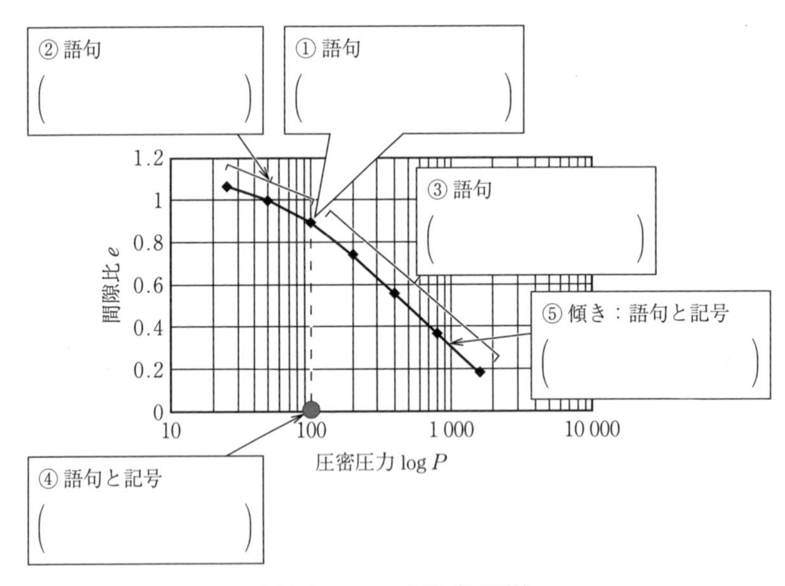

図 4.4　e-log P 曲線（再掲載）

一気に難しい言葉が並んだので嫌になっただろう。ここで名称の意味を説明する。

1）　圧密降伏点　　圧密降伏点はグラフの折れ曲がり点だ。つまり，この点を過ぎると，圧密が急に進むことを意味する。実際の施工において，圧密が急に進むとやっかいだ。粘土の上に構造物をつくる際は，事前に圧密降伏応力を知っておき，それを超えないようにするのがよい。とはいえ，重い構造物だと，圧密降伏応力を超えてしまうのも仕方ない。そんなときには 2）の圧縮指数を見ればよい。

2) 圧縮指数　圧縮指数はグラフの傾きだ。傾きが小さければ，沈下の進みも緩やかだ。傾きが大きいと，本格的に対策が必要となる。そんな圧縮指数は式(4.1)として表される。

$$\text{圧縮指数：} C_c = -\frac{e_1 - e_2}{\log_{10} p_1 - \log_{10} p_2} \text{〔単位なし〕} \tag{4.1}$$

難解な式に見えるかもしれないので，順を追って導出しよう。**図 4.5**（a）は「傾き」の説明だ。黒丸から白丸に行くのに，右に $p_2 - p_1$，上に $e_1 - e_2$ 進む必要がある。この二つを割った値を傾きという。例えば，右に 4 進んで，上に 8 進んだなら，傾きは 2 である。図（b）は横軸を対数軸にした。つまり p_1 が $\log_{10} p_1$，p_2 が $\log_{10} p_2$ に置き換わっている。この場合の傾きは，先ほどの空欄③の，p_1 を $\log_{10} p_1$，p_2 を $\log_{10} p_2$ に書き換えればよい。文字が長くて大変だが，単に書き換えるだけだ。最後に，本来の e-log P 曲線である図（c）を見ると，傾きが逆方向となっているのがわかるだろう。なので，空欄④にマイナスを付ける（実は不正確な表現である）。すると，式(4.1)（もしくは空欄⑤）にたどり着く。

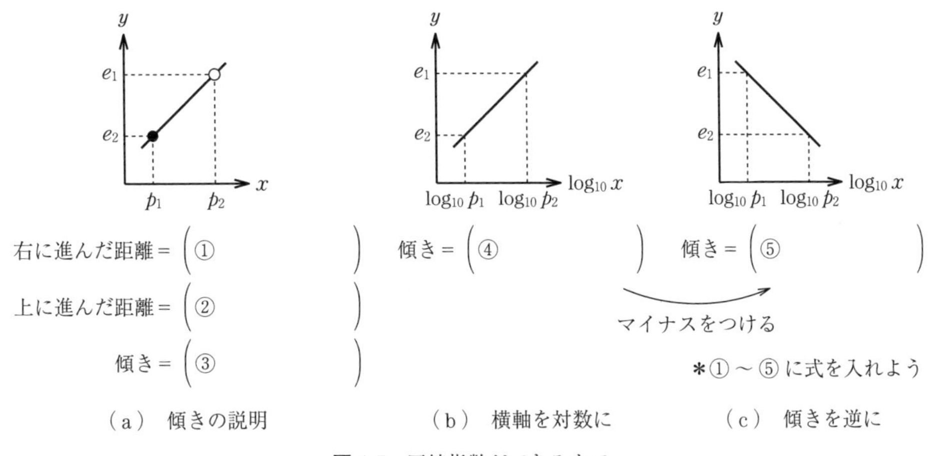

図 4.5　圧縮指数ができるまで

3) 縦軸・横軸について

（a） 横　　軸　横軸（log P）は 4.2.1 項「試験手順」の「加えた圧力」に対応する。正式には圧密圧力といい P の記号で表す。ただし，グラフに書くときは P ではなく $\log_{10} P$ とする。log は**対数**と呼ばれ，$\log_{10}$ は簡単にいうと「ゼロの数」を示す。つまり $\log_{10} 100 = 2$，$\log_{10} 1\,000 = 3$ という具合だ。これに合わせ，グラフも線形軸（いつもの軸）から対数軸に変える。なぜだろうか。

圧密圧力を順に並べると，10 kN/m²，25 kN/m²，50 kN/m²，…，1 600 kN/m² となる。これを線形軸上に並べてみると，**図 4.6**（a）のように，左側がだいぶ窮屈なのがわかるだろう。そこで対数軸を用いる。対数軸は，目盛を 10 倍づつにしたものだ。図（b）のように，だいぶ見やすくなっただろう。

（b） 縦　　軸　縦軸（e）は 4.2.1 項「試験手順」の「縮んだ量」に対応する。ただ

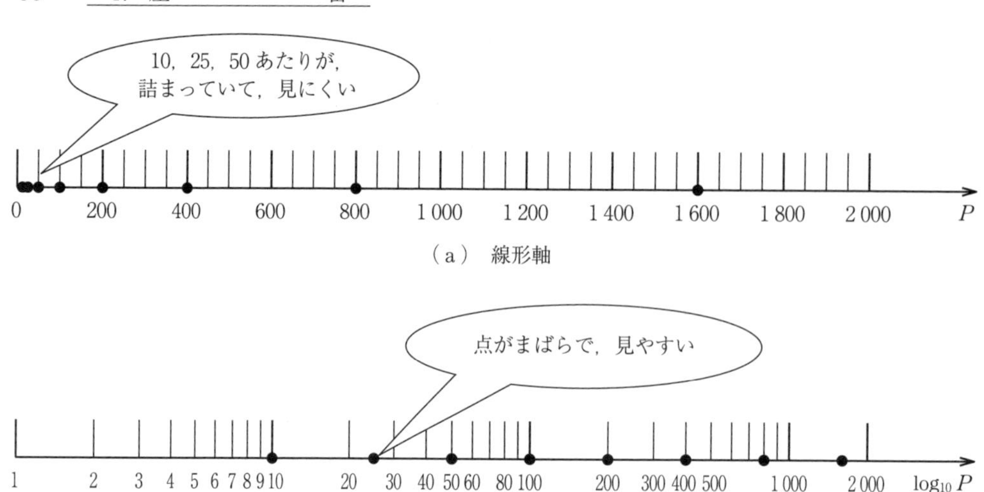

（a） 線形軸

（b） 対数軸

図 4.6　線形軸と対数軸

しグラフに書くときは，縮んだ量〔mm〕をそのまま記載するのではなく，間隙比 e に換算してから記載する。ここでは換算方法を見ていこう。

ある飽和粘土（厚さ H, 間隙比 e_0）を圧密すると，ΔH 縮んだとする。さて，間隙比はいくらになったか。これは三相モデルを使うとわかりやすい。いつもはモデル両側に体積と質量を記載するが，ここでは厚さと間隙比を書いてみた。飽和粘土なので空気がなく，圧密しても土粒子の体積（厚さ）は変わらないことに注意する。すると**図 4.7** のような三相モデルが出来上がった。文字がたくさんあるが，求めたいのは圧密後の間隙比 e_1 である。$H, e_0, \Delta H$ は，試験中に具体的な数字として得ている。厚さと間隙比は対応するので，図中の比に関する式が得られ，これを解くと Δe が得られる。さらに e_1 は，e_0 から Δe を引くことで得られる。

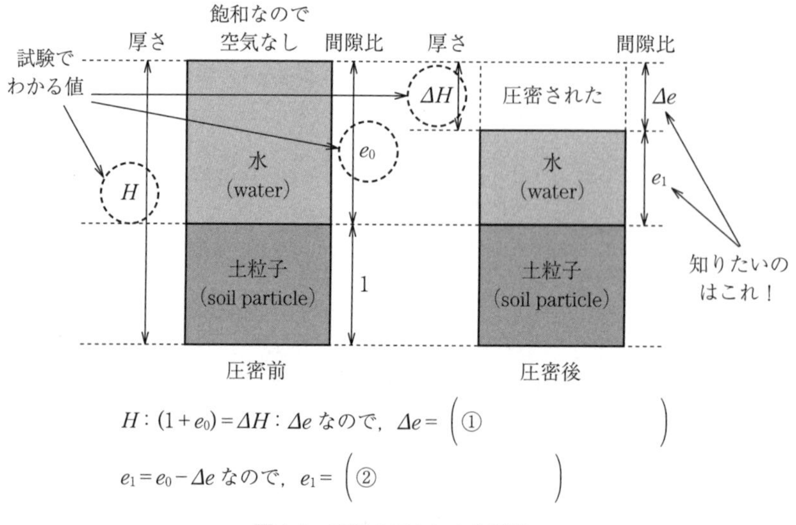

図 4.7　三相モデルによる圧密

おまけとして，わざわざ間隙比を使う理由について触れておく。それは，〔cm〕のような実際の長さではなく「比率」で表現したいためだ。これを無次元化という。例えば，圧密試験（試験体の厚さ 2 cm）において，縮んだ量が 1 cm の場合，50 %縮んだことになる。この場合，1 cm という情報よりも，比率（ここでは 50 %）の情報のほうが重要だ。試験体の厚さによって，縮んだ量は変化するからだ。そういえば比率を表すのに間隙比があった，だったら使ってみようというわけだ。

4.3　最終圧密量の計算

これまで圧密はやっかいな現象だと繰り返したが，それでも粘土地盤の上に構造物をつくらざるを得ないとき，まずなにを知りたいだろう。事前に圧密量を知っておくことが第一ではないか。どれだけ圧密するか知っておけば，ある程度対策はできる。

そこで本節では，最終圧密量の計算方法を紹介する。“最終”とは「もうこれ以上進行しないところまで圧密した」という状態を指す。

まずは，事前に粘土を採取して圧密試験を行い，e-log P 曲線を描く。これで間隙比（圧密前）e_0，間隙比（圧密後）e_1，間隙比の差 Δe，圧密圧力（圧密前）P_0，圧密圧力（圧密後）P_1，圧密圧力の差 ΔP，圧縮指数 C_c が読み取れる。これらがそろえば，最終圧密量を計算できる。

最終圧密量 S の計算方法について，式 (4.2)～(4.4) の 3 通り紹介する。状況に応じて使い分ければよい。なお，地盤の厚さを H とし，地盤は正規圧密領域 ($P_c < P_0$) と仮定する。

① e-log P 法

$$S = H\frac{\Delta e}{1+e_0} \tag{4.2}$$

② $\mathrm{C_c}$ 法

$$S = H\frac{C_c}{1+e_0}\log_{10}\frac{P_1}{P_0} \tag{4.3}$$

③ $\mathrm{m_v}$ 法

$$S = Hm_v\Delta P \tag{4.4}$$

式 (4.4) について，m_v は体積圧縮係数といい初登場の単語だ。m_v も圧密試験を実施することで得られる。S の単位は〔m〕，H の単位も〔m〕，ΔP の単位は〔$\mathrm{kN/m^2}$〕として，両辺の単位が同じになることを考えると，m_v の単位は〔$\mathrm{m^2/kN}$〕となる。

ここで m_v の正体を探ってみよう。難しい話になるので，以降，読み飛ばして構わない。式 (4.4) を両辺 Hm_v で割ってみて左右入れ替えると，$S/H\times(1/m_v)=\Delta P$ となる。S/H は「変形量÷元の長さ」に相当するので，ひずみ ε と見なせる。フックの法則“$\varepsilon E=\sigma$”と対比すると，E と $1/m_v$ は同じ意味合いを持つ。すなわち m_v とは，フックの法則でいうところの弾性係数 E の逆数なのだ。

4.4　圧密量の経時的変化

4.4.1　圧 密 方 程 式

経時的変化とは「時間の流れにともなう変化」という意味だ。前節で紹介したのは“最終”圧密量であり，圧密でいう最終とは何十年，何百年も先を指す。そんな先のことより，5年後，10年後の圧密量を知りたいのではないか。毎度おなじみのテルツアギーも同じように考え，式(4.5)の**圧密方程式**（テルツアギーの圧密方程式）を導出した。

$$\frac{\partial u}{\partial t} = C_v \frac{\partial^2 u}{\partial z^2} \tag{4.5}$$

ここで，u：間隙水圧，t：時間，C_v：圧密係数（次項を参照），z：深さである。

これは偏微分方程式と呼ばれるものの一種だが，細かいことは省略する。いいたいことは，左辺の分母に「時間tが絡んでいる」という点だ。式(4.2)～(4.4)は，あくまで「最終」沈下量だった。式(4.5)をうまく利用すると，5年後や10年後といった，好きな時間に対する圧密量が計算できるのだ。

4.4.2　グラフを用いる方法

とはいえ，式(4.5)を解くのは大変である。ここでテルツアギーはすでに計算を実施し，結果をグラフにまとめてくれている。それが**図4.8**だ。後世のわれわれは，このグラフを使うだけで「7年後の圧密沈下量は1.5 m」というように，知りたい時間に対する答えが得られる。ただ，使いこなすには，少し事前知識が必要なので以下で説明する。

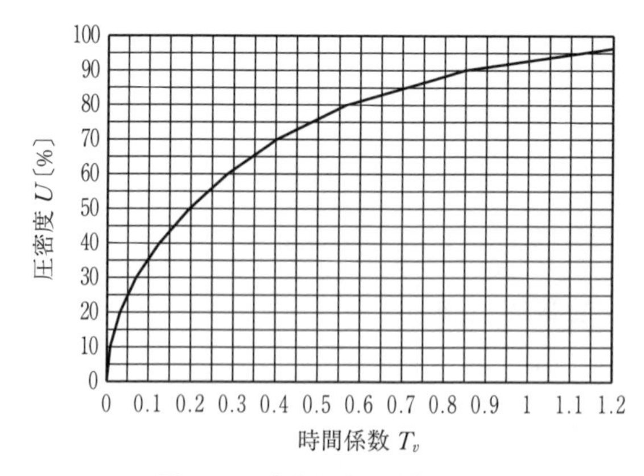

図4.8　圧密度と時間係数の関係

図4.8の縦軸は**圧密度**U，横軸は**時間係数**T_vである。それぞれ説明しよう。

〔1〕 **圧 密 度**　圧密度は「ある時間tの圧密量S_tは，最終圧密量Sに対して何%か」を示す値で，記号Uを使う（式(4.6)）。例えば，最終圧密量が100 cmとわかっていて，いま

現在の圧密量が 50 cm なら，圧密度 U は 50 %だ。

$$U=\frac{S_t}{S} \tag{4.6}$$

〔2〕 **時間係数**　時間係数は，時間そのものではないが，「時間のようなもの」を示す値である。記号 T_v を用いて，式 (4.7) により定義される。式中の記号 H' と C_v については以下で説明する。

$$T_v=\frac{C_v t}{(H')^2} \tag{4.7}$$

1） **最大排水距離**　水が粘土から逃げるときの最大距離を**最大排水距離** H' という。**図 4.9** を見れば一目瞭然だろう。片側に不透水層（岩など）がある場合，一方側にしか水は逃げられないので最大排水距離 $H'=H$ である。一方，上下どちらにも排水できる場合，最大排水距離は $H/2$ となる。砂は透水係数が大きいので，透水層と考えてよい。

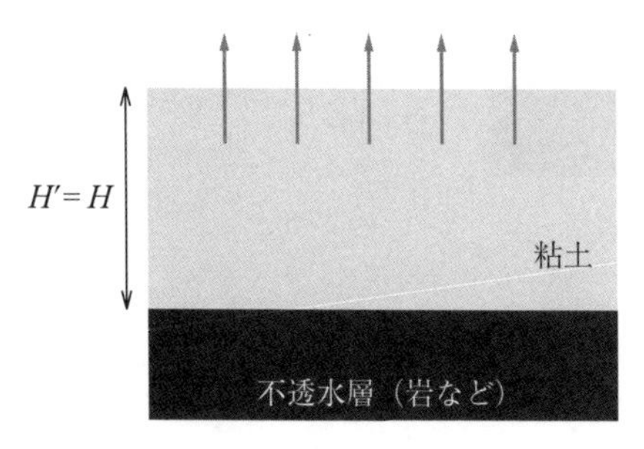

（a） 片側に不透水層がある場合

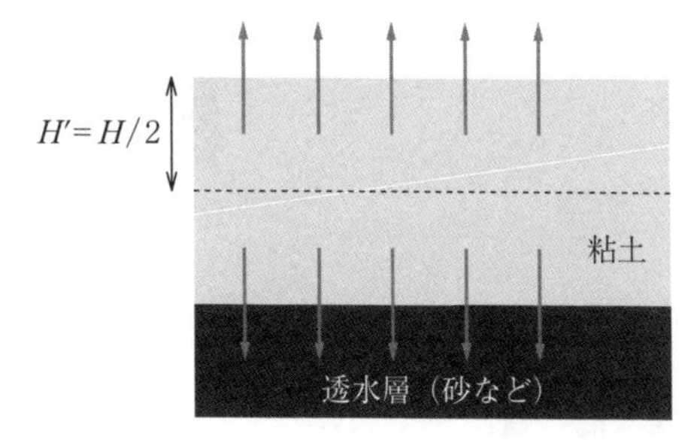

（b） 上下どちらにも排水できる場合

図 4.9　最大排水距離 H'

2） **圧密係数**★　**圧密係数**は C_v で表される物理量で，式 (4.8) で定義される。

$$C_v=\frac{k}{m_v\gamma_w} \tag{4.8}$$

C_v が大きいほど圧密は早く進行する。これは透水係数 k が分子にあることからイメージできるだろう。また語句が増えていい加減にしてほしいと思われるかもしれないが，実際に式 (4.5) を解いてみると，C_v を新たに定義したほうが楽だということを体感できるだろう。

4.4.3　例題を解こう！

これまでの内容を踏まえて，例題 4.1 を解いてみよう。

例題 4.1

透水層の上に堆積した厚さ 10 m の飽和粘土地盤 ($C_v=50$ cm^2/d,〔d〕は「日」を表す) がある。この粘土上に構造物をつくることで，最終圧密量 300 cm が予測されている。以下の問に答えよ。

(1)　最終圧密量の半分になるのは何日後か。

(2)　500 日後の圧密量 S_t を求めよ。

【解答】　まずは単位を揃えよう。〔m〕と〔cm〕が混在しているので〔cm〕で統一する。10 m は 1 000 cm である。ここで，この例題の地盤を描くと**図 4.10** になる。それでは各問題に移る。

(1)　最終圧密量の半分とは，圧密度 $U=50$ %を指す。すると図 4.8 から，時間係数 $T_v=0.2$ であることが見て取れる。式 (4.7) から 1 000 日であることがわかる。

(2)　式 (4.7) より $t=500$ 日なので時間係数 $T_v=0.1$ となる。すると図 4.6 から，圧密度 $U=35$ % であることが見て取れる。式 4.6 より $S_t=105$ cm であることがわかる。　◇

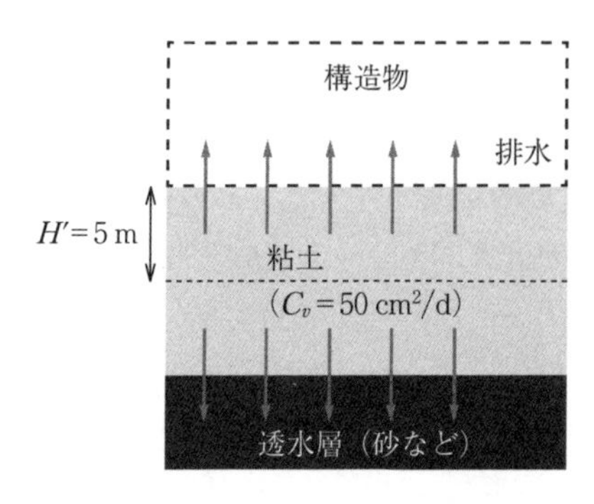

図 4.10

章　末　問　題

復　習　問　題

空欄を埋めよ。特に指示がない場合は語句を書け（／で語句を並べているところは，その中から選択せよ）。

【1】　(①飽和／乾燥) した (②砂／粘土) が載荷され，沈下が (③長期間／短期間) 続く現象を (④) という。

【2】　圧密に対する粘土の強さ（弱さ）を計測する試験を (①) と呼ぶ。(①) の結果を整理したグラ

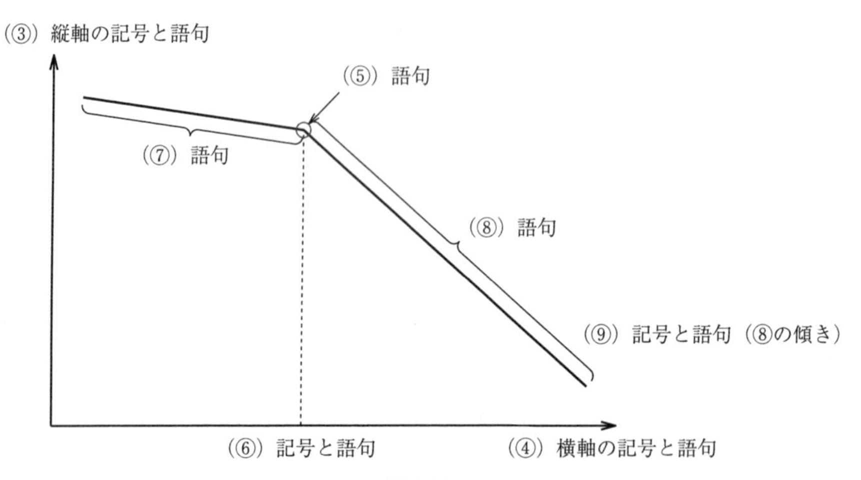

図 4.11

フを（②）といい，その模式図を**図 4.11** に示す。空欄③～⑨を埋めよ。

【3】 最終圧密量を計算するときの式を三つ答えよ（①～③，語句と式）

【4】 最終圧密量ではなく，圧密進行中の沈下量を求めるための方程式を（①）といい，（② 人名）によって提唱された。この式を解くことで，（③ 語句と記号）と（④ 語句と記号）の関係を示すグラフが得られる。（③）は，現在の圧密量を最終圧密量で割った値である。④ を式で書き表すと（⑤）となる。

［**解答欄**］

【1】	①	②	③	④
【2】	①	②	③	④
	⑤	⑥	⑦	⑧
	⑨			
【3】	①			
	②			
	③			
【4】	①	②	③	④
	⑤			

基　本　問　題

以下の問に答えよ。単位が必要な場合は必ず書け。また $\log_{10} 2 = 0.3$ としてよい。

【1】 底面積 100 cm^2，高さ 2 cm の容器に飽和した粘土を詰め，$p = 10\ \mathrm{kN/m^2}$ の圧力で圧密したところ，粘土は 0.1 cm 圧密された。また，この粘土を乾燥したところ 260 g となった。土粒子密度 $\rho_s = 2.6\ \mathrm{g/cm^3}$ のとき，以下の問に答えよ。

圧密前の粘土について

(1) 体積 V を求めよ。

［解答欄］

(2) 乾燥体積 V_s を求めよ。

［解答欄］

(3)　間隙の体積 V_v を求めよ。

［解答欄］

(4)　間隙比 e を求めよ。

［解答欄］

圧密後の粘土について（圧密前と区別するため各記号に「′」をつけておく）

(5)　体積 V' を求めよ。

［解答欄］

(6)　乾燥体積 V_s' を求めよ。

［解答欄］

(7)　間隙の体積 V_v' を求めよ。

［解答欄］

(8)　間隙比 e' を求めよ。

［解答欄］

最後に，

(9)　この粘土の体積圧縮係数 m_v を求めよ。

［解答欄］

【2】　ある飽和粘土を圧力 100 kN/m^2 で圧密したところ，間隙比は 1.0 であった。つぎに，この粘土を圧力 1 000 kN/m^2 で圧密すると，間隙比は 0.8 となった。この粘土の圧縮係数 C_c を求めよ。

［解答欄］

【3】　圧力 100 kN/m^2 で圧密した飽和粘土の間隙比は 1.5 であった。つぎに，この粘土に圧力 P を加えると間隙比は 0.5 となった。この粘土の圧縮指数 C_c を 1.0 とするとき，圧力 P はいくらか。

［解答欄］

【4】 ある飽和粘土に対して圧密試験を実施した。使用した容器の高さは 2 cm である。また本来，容器の底面積は 113 cm^2 であるが，この問題に限り，簡単のため 100 cm^2 として計算してよい。以下の問に答えよ。

（1） 試験結果の**表 4.1** の空欄① ～ ⑫を埋めよ。

表 4.1

項目	圧密圧力 P	圧密量 S	底面積 A	粘土の高さ H	全体積 V	乾燥質量 m_s	乾燥体積 V_s	間隙の体積 V_v	間隙比 e
単位	①	cm	②	cm	③	g	④	⑤	⑥
初期	10	0	100	2	200	265	100	100	1
1 回目	25	0.025	100	⑦	197.5	265	100	97.5	0.975
2 回目	50	0.05	100	1.95	⑧	265	100	95	0.95
3 回目	100	0.075	100	1.925	192.5	⑨	100	92.5	0.925
4 回目	200	0.1	100	1.9	190	265	⑩	90	0.9
5 回目	400	0.4	100	1.6	160	265	100	⑪	0.6
6 回目	800	0.7	100	1.3	130	265	100	30	⑫

（2） **図 4.12** に e-log P 曲線を描け。

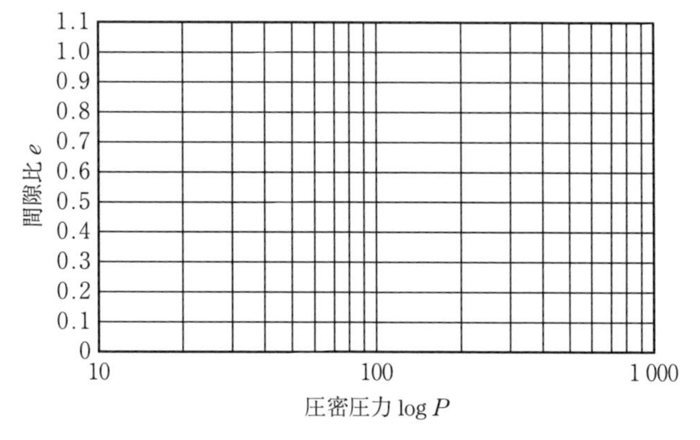

図 4.12

（3） この粘土の圧密降伏応力 P_c を読み取れ。（　　　　　　　　　　）

（4） この粘土の圧縮指数 C_c を求めよ。

［解答欄］

【5】 初期間隙比 e_0 が 1.0 の飽和した粘土地盤が，10 m の厚さで堆積している。この地盤を 100 kN/m^2 の圧力で載荷したところ，間隙比 e は 0.8 となった。この粘土地盤はいくら圧密沈下したか。

［解答欄］

【6】 初期間隙比 e_0 が 1.0 の飽和した粘土地盤が，10 m の厚さで堆積している。この粘土は自身の重みにより 100 kN/m^2 で載荷されている。この粘土地盤の上に盛土を構築したい。盛土の重みにより粘土に作用する荷重は 200 kN/m^2 となる。この粘土の圧縮係数 $C_c=1.2$ とするとき，この粘土地盤はいくら圧密沈下するか。

［解答欄］

【7】 飽和した粘土地盤が 10 m の厚さで堆積している。この粘土地盤の上に盛土を構築することで，粘土に作用する荷重は 200 kN/m^2 増加する。この粘土の体積圧縮係数 m_v は 8.0×10^{-4} m^2/ kN であるとき，粘土地盤はいくら圧密沈下するか。

［解答欄］

【8】 上下砂層に挟まれた 4.0 m の飽和粘土層がある。粘土を採取し圧密試験を実施したところ，圧密係数 C_v は 20.0 cm^2/d であった。この粘土層上に構造物が造築され，その構造物荷重による最終圧密沈下量は 100 cm と推定される。このとき，以下の問に答えよ。必要に応じて図 4.8 の圧密度のグラフを利用せよ。

(1) 最終圧密沈下量の半分に達するのに要する時間は何日か。

(2) この場合の 2 200 日後の粘土層の圧密沈下量はいくらか。

［解答欄］

【9】 不透水層の上に飽和粘土が厚さ 4.0 m で地表面まで堆積している。粘土を採取し圧密試験を実施したところ，圧密係数 C_v は 20.0 cm^2/d であった。この粘土層上に構造物が造築され，その構造物荷重による最終圧密沈下量は 100 cm と推定される。このとき，以下の問に答えよ。必要に応じて図 4.8 の圧密度のグラフを利用せよ。

(1) 最終圧密沈下量の半分に達するのに要する時間は何日か。

(2) この場合の 4 000 日後の粘土層の圧密沈下量はいくらか。

［解答欄］

難　　問

【1】 (1) e-log P 法（式 (4.2)），(2) C_c 法（式 (4.3)）がそれぞれ成立することを示せ。

(1) $$S = H\frac{\Delta e}{1+e_0} \qquad (4.2)\ 再掲載$$

(2) $$S = H\frac{C_c}{1+e_0}\log_{10}\frac{P_1}{P_0} \qquad (4.3)\ 再掲載$$

【2】 テルツアギーの圧密方程式 (4.5) について，以下の問に答えよ。

$$\frac{\partial u}{\partial t} = C_v\frac{\partial^2 u}{\partial z^2} \qquad (4.5)\ 再掲載$$

(1) 式 (4.5) を導け。

(2) 片面排水条件における，式 (4.5) の一般解を求めよ（層厚 H とする）。

(3) 片面排水条件における，時間 t の圧密量 S を求めよ（層厚 H とする）。

公務員試験問題

図 4.13 のような，一様な上下砂層に挟まれた飽和粘土層（厚さ $h_1 = 8.0$ m，間隙比 $e_1 = 2.0$）がある。いま，一様な載荷重 q〔kN/m^2〕によって粘土層が圧密され，間隙比が $e_2 = 1.6$ となった。このときの，粘土層の沈下量を求めよ。［大阪府 平成 30 年度 技術（大学卒程度）第 2 次試験 土木］

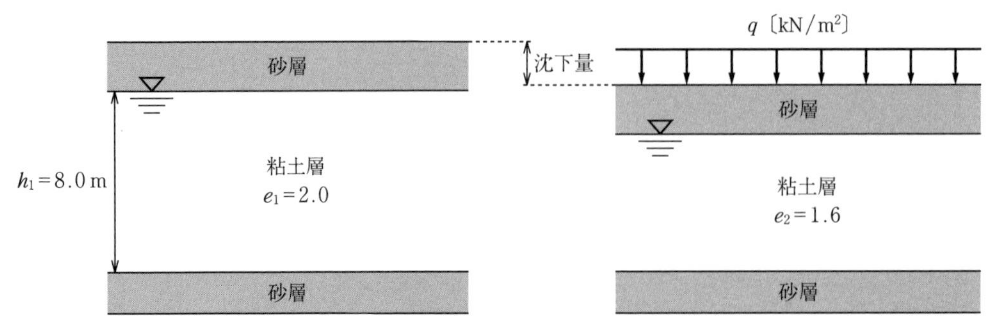

図 4.13

5 土の破壊

土砂崩れ，地割れ，地面の陥没など，土が壊れる現象を「土の破壊」という。いずれもわれわれの生活を脅かす怖い現象である。本章では「土はどのように壊れるのか」をテーマとする。自然災害に通ずるダイナミックな話で，土質力学の山場ともいえよう。次章以降すべての章に絡んでくるので，しっかり学んでほしい。

5.1 土の破壊とは

5.1.1 土の強度と破壊

土には固有の強さがあり，これを土の強度という。土の強度を上回る力が加わったとき，土は**破壊**する。例えば，強度が100の土に対して，80の力を加えても破壊しないが，120の力を加えると破壊する。実際はいろいろと計算が加わるが，原理的にはこんな感じだ。

5.1.2 圧縮・引張・せん断

図5.1のような土を見てほしい。形はなんでもよかったが，説明しやすいので正方形とする。この土を壊したい。さてどのように力を加えるか。

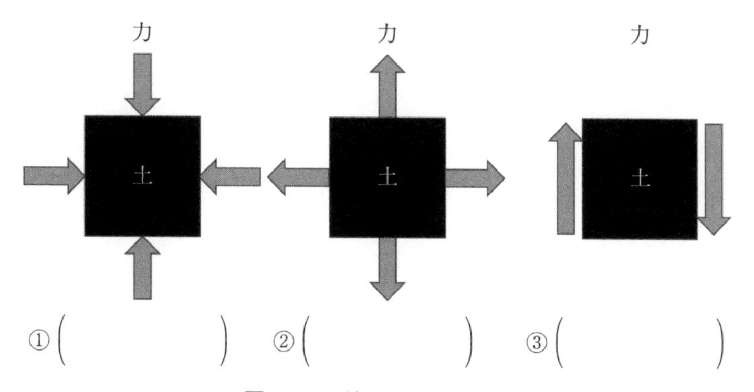

図5.1　圧縮・引張・せん断

力の加え方は3通りに分類される。**圧縮・引張・せん断**（もしくはこれらの組合せ）である。例えると，圧縮は，土だんごを手で包んでギュウと押さえることに相当し，固くなるだけで壊れない。引張は，土をつまんで引っ張ることはできないので無視する（コンクリートや金属では重要）。せん断の場合，土はパカッと割れて壊れるイメージが湧くだろうか。すなわち土は，せん断によってのみ壊れる。ちなみに，「ハンマーで叩く」「パンチをする」などは，瞬間的に，圧縮やせん断を与えているにすぎない。

5.1.3　せん断強度・せん断破壊

土はせん断により壊れると説明した。そこで，せん断に限定して話を進める。

せん断方向に加わる力を**せん断力**といい，土を「切る」ような種類の力である。せん断力を土の断面積で割ったものを**せん断応力**という。第3章で述べたとおり，土の力を語るときは「応力」で表現するので，「せん断応力」という言葉をよく使う。記号は τ（タウ）で，応力なので単位は〔kN/m^2〕である。

強度や破壊についても，せん断についてのみ考えればよい。すなわち土の強度とは，**せん断強度**のことであり，記号は S，単位は〔kN/m^2〕である。また，土の破壊とは**せん断破壊**のことである。

土の強度と破壊の関係は式(5.1)と式(5.2)となる。S と τ がわかれば，大小を比較することで，土が破壊するか否かがわかる。S は，次節で紹介するクーロンの破壊基準の式(5.3)を使って求める。τ はモールの応力円（5.3節を参照）という図を用いて求めることが多い。

破壊する：$S < \tau$　　(5.1)

破壊しない：$S > \tau$　　(5.2)

5.2　クーロンの破壊基準

5.2.1　クーロンの破壊基準の式

土の強度 S を求めるには，**クーロンの破壊基準の式**(5.3)を用いる。その名のとおり，土が破壊するかどうかを決定する式である。次項で詳しい説明をするので，まずは覚えてしまおう。σ は「シグマ」，ϕ は「ファイ」と読む。

$$S = c + \sigma \tan\phi \tag{5.3}$$

ここに，S：土の強度〔kN/m^2〕，σ：垂直応力〔kN/m^2〕，c：粘着力〔kN/m^2〕，ϕ：内部摩擦角〔°〕である。

5.2.2　土 の 強 度 定 数

〔1〕 **意 味 合 い**　　クーロンの破壊基準の式において，c と ϕ を二つ合わせて**土の強度定数**という。c は**粘着力**，ϕ は**内部摩擦角**である。土固有の値で，すなわち土の種類によってのみ決まる。σ で表される垂直応力は，土がどのくらい強く圧縮方向に押されているかを示す値である。土の種類は関係ない。

さて，c と ϕ について掘り下げて考えてみよう。式(5.3)より，c が大きくなると S も大きくなるのは自明だろう。さらに ϕ が大きくなると $\tan\phi$ も大きくなる（例えば ϕ に 30° と 45°

を入れて比べてみよう）ので，やはり S も大きくなる。すなわち c と ϕ が大きいほど，強い土になる。

c と ϕ の値の目安はだいたい決まっている。砂と粘土が対照的で，砂の c はゼロ，粘土の ϕ はゼロである。そして砂の ϕ は30°前後だ。かなり乱暴な説明だが，最初のうちはこう割り切ってもよいと思う。これらをまとめると**表 5.1** が出来上がる。

表 5.1 c と ϕ のおおよその値

	砂	粘土
粘着力 c	①	さまざまな値
内部摩擦角 ϕ	②	③

＊単位も書こう

〔2〕 クーロンの破壊基準の式の作図 クーロンの破壊基準の式 (5.3) を描くと，**図 5.2** となる。言葉でいうと，縦軸の位置 c を通過し，角度 ϕ の直線である。これさえ覚えれば大丈夫だ。

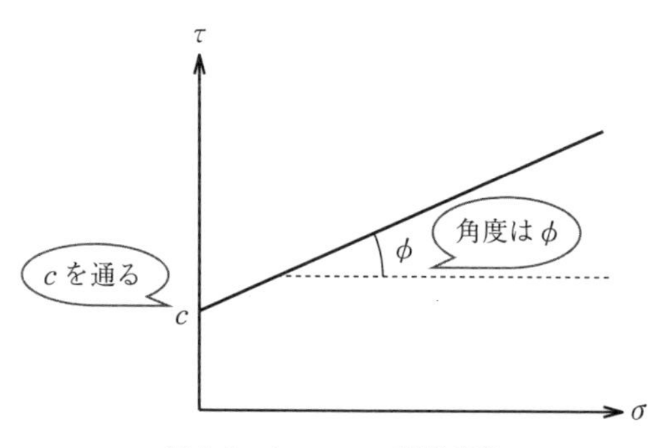

図 5.2 クーロンの破壊基準

〔3〕 式の意味★ 補足として，図 5.2 を見ながら，式 (5.3) をつくってみよう。中学校で習った $y=ax+b$ のグラフを思い出してほしい。a は傾き，すなわち「右に 1 進むと上に a 増える」という意味だ。b は y 切片，すなわち y 軸とぶつかる位置である。ここで軸の記号だけ変える。x を σ に，y を τ にすると，$\tau=a\sigma+b$ が出来上がる。変わったのは記号だけで，本質的にはなにも変わっていない。ここでの $\tan\phi$ とは「右に 1 進むと上に $\tan\phi$ 増える」ことで，すなわち $\tan\phi$ は傾きそのものである。そこで，a を $\tan\phi$，b を c にすると，式 (5.3) が出来上がる。

5.2.3 式の導出★

本項では，クーロンの破壊基準の式 (5.3) がどうやって出来上がったのかを物理的に説明する。図さえ描ければよいという人は，前項で説明したので，読み飛ばしてもらって構わない。

図 5.3（a）～（d）は高校物理でよく見かける図で，物体を横から引っ張っている。物体が摩擦に逆らって動き始めることが，土の破壊に相当する。これを数式で追っていく。三つの例題を解き終えると，クーロンの破壊基準の式が出来上がるようになっている。

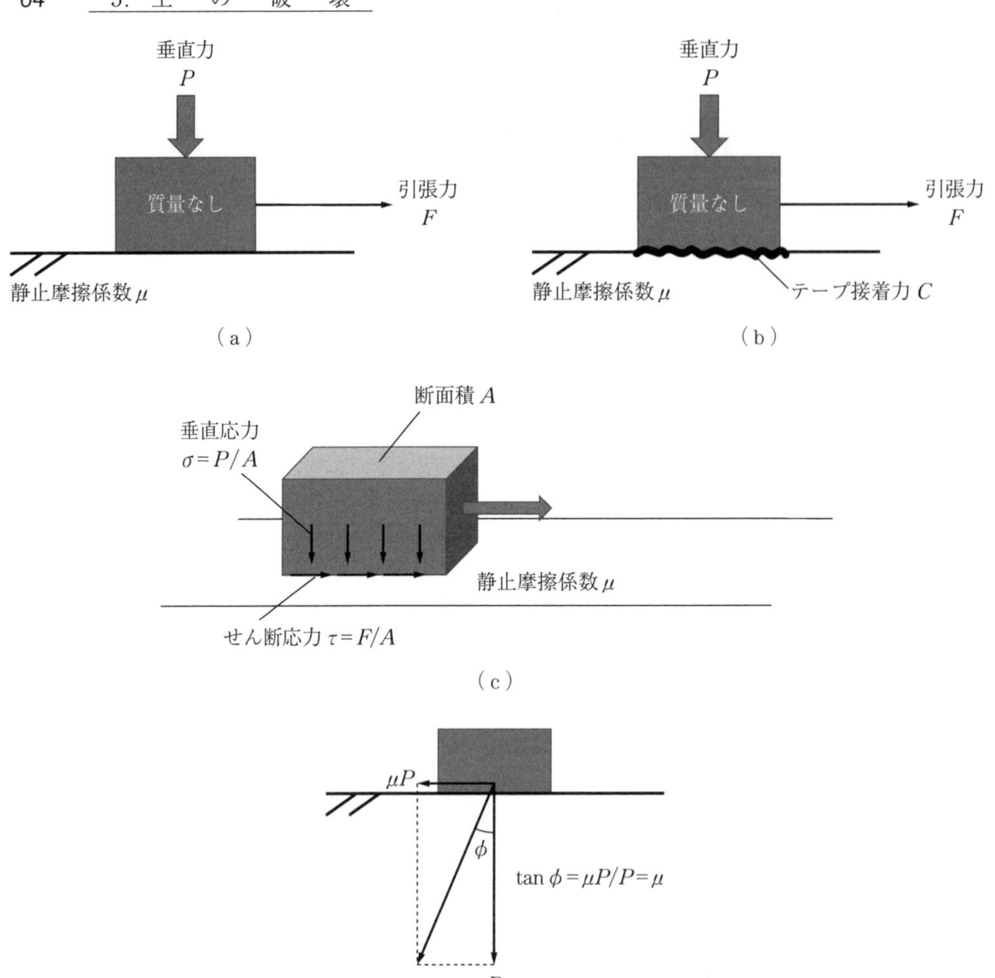

図 5.3　クーロンの破壊基準の式の導出

例題 5.1

物体（質量0）を垂直方向に P で押さえつけ，横方向に F の力で引っ張ったとき，物体が動き始めるには F はどのくらいの強さが必要か。ただし静止摩擦係数は μ とする（図 5.3（a））

【解答】　物体と地面の間には摩擦があるため，少し引っ張っただけでは物体は動かない。この摩擦の力は，「物体を押さえつける力×静止摩擦係数」となることを，昔の偉い人が発見している。摩擦力を上回るくらい引っ張れば，物体は動くので「F は μP よりも強い力」が答えとなる。◇

例題 5.2

例題 5.1 の条件に加え，物体の底面に接着力 C のテープを貼った。物体が動き始めるには

F はどのくらいの強さが必要か（図 5.3（b））。

【解答】 今度は接着力が加わったので，単に加えてやればよい。すなわち物体が動くには，「$F=\mu P+C$ よりも強い力」が答えとなる。◇

例題 5.3

例題 5.2 の式，$F=\mu P+C$ は力の単位〔kN〕で記載されている。すなわち，F も P も C も単位は〔kN〕である。これらを応力表記にせよ（図 5.3（c））。

【解答】 力を応力にするには，物体の断面積で割ってやればよい。仮に断面積を A とすると，$F/A=\mu P/A+C/A$ となる。F は物体をずらす力，すなわちせん断力なので，$F/A=\tau$（せん断応力）となる。同様に P は垂直に押す力なので，$P/A=\sigma$（垂直応力）となる。また，$C/A=c$（粘着力）として A を消しておこう。厳密にいうと，粘着力ではなく，粘着応力というべきだが，あまりそうはいわない。土がせん断破壊するときのせん断応力が土の強度となるため，$\tau=S$ とし，最後に $\mu=\tan\phi$ とすると，クーロンの破壊基準の式 (5.3) の出来上がりである。◇

$\mu=\tan\phi$ については，図 5.3（d）に補足しておく。垂直力のベクトルと，摩擦力のベクトルがなす角度を内部摩擦角 ϕ と呼ぶ（と昔の偉い人が決めた）。よって，図から $\mu=\tan\phi$ の関係が得られる。

5.3　モールの応力円

5.3.1　破 壊 の 判 定

いきなりだが**図 5.4** を見てほしい。これが本節でメインとなる図だ。斜めの直線はクーロン

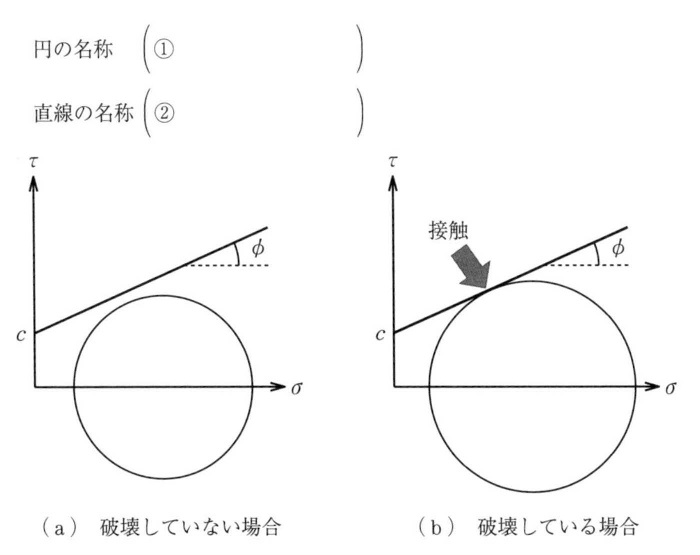

（a） 破壊していない場合　（b） 破壊している場合

図 5.4　モールの応力円

の破壊基準の線である。これはもう描けるだろう。右下の円が今回の主役で**モールの応力円**という。結論からいうと，クローンの破壊基準の線とモールの応力円とが接触していると，土は破壊している。逆に，円と線が離れていると土は破壊していない。さていったいどういうことなのか。徐々に掘り下げていこう。

5.3.2 モールの応力円の描き方

図5.5（a）は，正方形の土に力を加えている様子である。この土が破壊するかどうかを検討する。

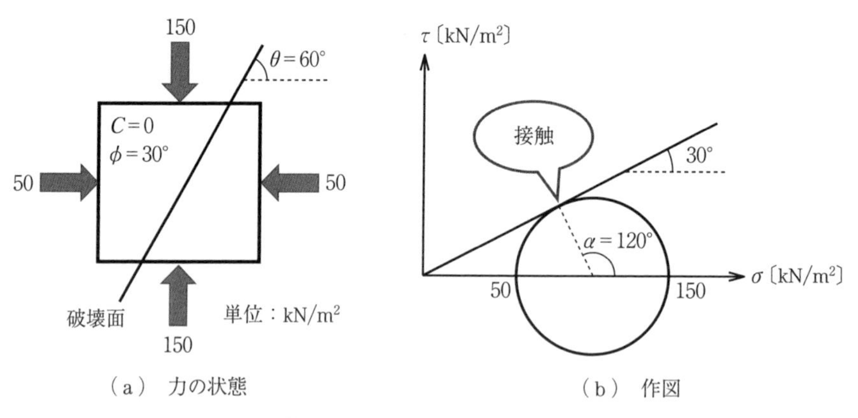

（a） 力の状態　　（b） 作図

図5.5　モールの応力円の使い方

上下の面に垂直応力 $\sigma_1=150\ \mathrm{kN/m^2}$，左右の面に垂直応力 $\sigma_2=50\ \mathrm{kN/m^2}$ が発生している。σ は面に対して垂直な方向の応力である。ここで横軸の2点（50と150）をマークし，これを直径とする円を描く。これがモールの応力円である。理屈は置いておいて，とりあえず描き方は以上となる。

つぎに，クーロンの破壊基準の線を加えてみよう。角度が30°の直線を原点（$c=0$）から引くと，図5.5（b）のように線と円は接触した。すなわち，この土は破壊していることがわかった。

さらに話を続けると，正方形の土が破壊する角度（破壊面の角度）θ までわかり，それは円と線の接する点と，円の中心とを結ぶ線の持つ角度 α の半分である（式(5.4)）。本題の場合，試験体の破壊する角度は $\theta=60°$ である。

$$\alpha=2\theta \tag{5.4}$$

モールの応力円のエッセンスは以上である。モールの応力円を使うと，破壊の判定もできるし，破壊する角度もわかる。「なんでそうなるかわからないが，どうやら便利なものらしい」ということを体感いただけただろうか。

5.3.3 例題を解こう！

さて，ここで例題を見てみよう。この2題ができれば，モールの応力円はおおよそ問題ないだろう。

例題 5.4

土が破壊するか判定せよ。（**図 5.6**）

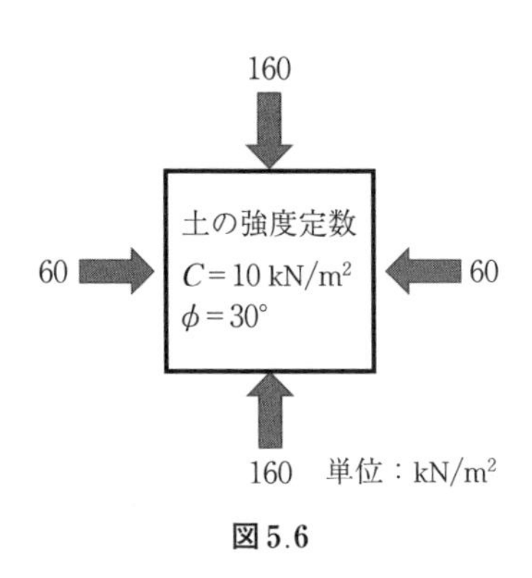

図 5.6

【解答】

① まずモールの応力円を描く。(60, 0) と (160, 0) の2点を直径とする円になる（**図 5.7**（a））。

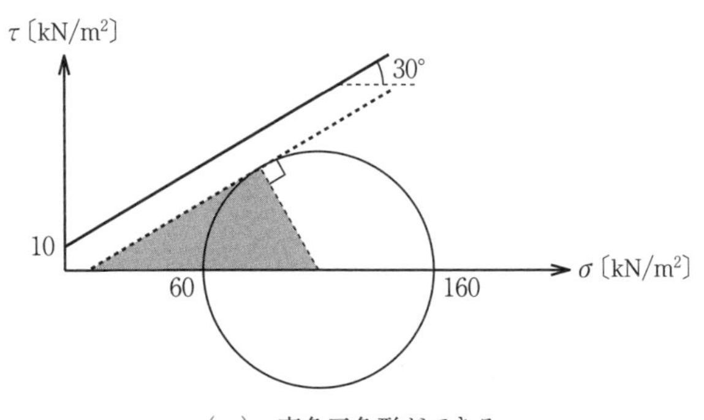

（a） 直角三角形ができる

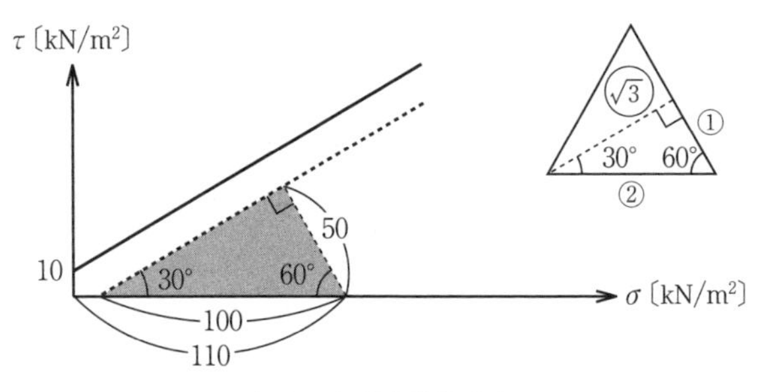

（b） 角度を計算する

図 5.7

② つぎに，クーロンの破壊基準の線を描く。$c = 10\ \mathrm{kN/m^2}$ なので縦軸上の点 (0, 10) から，$\phi = 30°$ なので角度 30° の直線を引く（図 5.7（a））。

③ ① と ② が接するか否かを判断する。この場合は，接しないので「破壊しない」が答えである。

④ さて補足である。方眼紙があれば，接するかどうかを正確に判断できるものの，試験で出題された場合は，図形問題として解かなければならない。そこでつぎのように考えよう（図（b））。まず，円の半径は 50 である（円は省略している）。円から傾き 30° の接線（破線）を引くと，接線と円の中心は直角に交わる（中学校の数学で習う）ので，30°，60°，90° の三角形が出来上がる。これは有名な三角形で，右上にあるように，正三角形を半分にしたものである。つまり，この三角形の斜辺は円の半径 50 を 2 倍にした 100 となる。円の中心の位置は $(60 + 160) \div 2 = 110$ なので，三角形の先端の位置は $110 - 100 = 10$ となる。これで位置関係がはっきりした。いま，描いた斜めの破線は，だいぶ上にずらさないと，クーロンの破壊基準には届かない。つまり，① のモールの応力円と ② のクーロンの破壊基準の線は接していないのである。◇

例題 5.5

土の強度定数（粘着力 c と内部摩擦角 ϕ）を求めよ（**図 5.8**）。

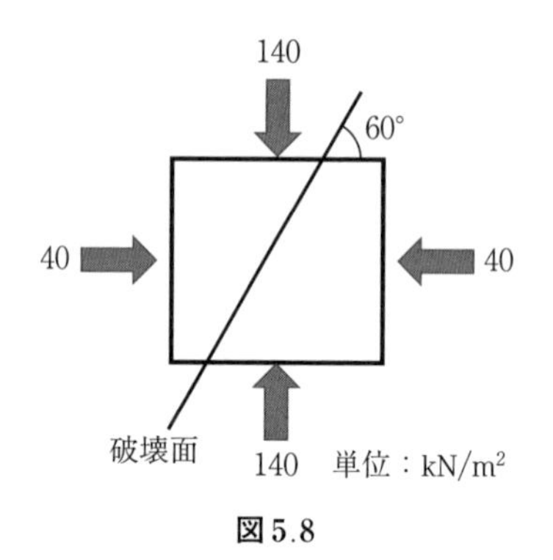

図 5.8

【解答】

① まずモールの応力円を描く。(40, 0) と (140, 0) の 2 点を直径とする円になる（**図 5.9**（a））。

② 破壊面の角度が 60° なので，円の中心から 120°（$= 60° \times 2$）の向きに線を引く。これと直交するのが，クーロンの破壊基準の線である（図（a））。

③ クーロンの破壊基準の線の角度が内部摩擦角 ϕ，縦軸と交わる位置が粘着力 c である。ここで 30°，60°（$= 180° - 120°$），90° の三角形が出来上がっており，三角形の先端にある 30° はクーロンの破壊基準の線の角度である。つまり $\phi = 30°$ である（図（a））。

④ 最後に c を求めよう。長さに関する情報を図の中に書き込むと図（b）となる（$1 : 2 : \sqrt{3}$ の性質を利用）。ここで，網かけの小さな三角形に着目すると，これも 30°，60°，90° の三角形である。一番短い辺の長さが c に等しい。図中のように，比に関する式を立てると，$c = 5.78\ \mathrm{kN/m^2}$ が得られる（$\sqrt{3} \fallingdotseq 1.732$ を利用）

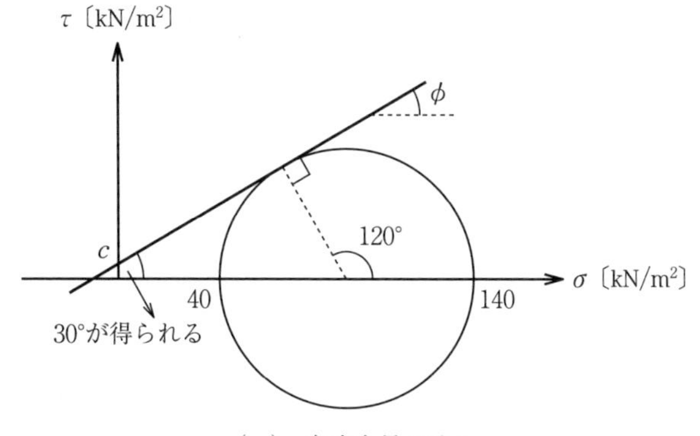

（a） 角度を見つける

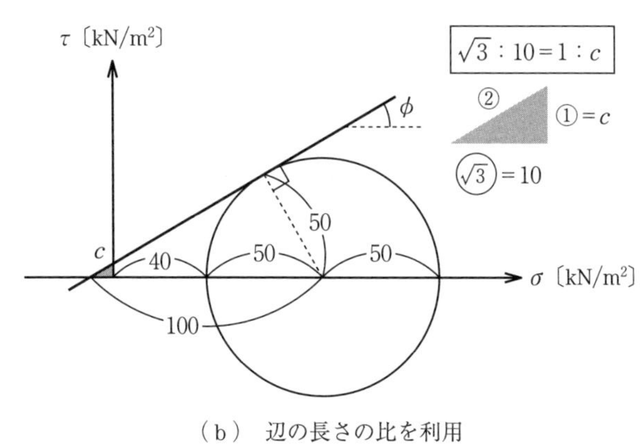

（b） 辺の長さの比を利用

図 5.9

◇

5.3.4 モールの応力円の正体★

最後に，モールの応力円の正体，すなわち「円とはどういうことか」について説明する。興味が湧いたのなら読み進めてほしい。問題さえ解ければよいという考えなら読み飛ばしても構わない。

図 5.10 は，土の上下方向にのみ垂直応力 $\sigma=100$ kN/m^2 を与えた様子である。この応力の状態をプロットすると**図 5.11** の白丸になる。しかしこれでは話は終わらない。土の内部をのぞいてみよう。外側からは $\sigma=100$ kN/m^2 を与えただけにもかかわらず，土の内部では，無数の方向に応力が発生しているのだ。すべて見るのは大変なので，例えば，水平方向から 18° 傾けた面だけを見てみると，この面に対して垂直方向の応力 $\sigma=90$ kN/m^2，さらに面に沿う方向のせん断応力 $\tau=30$ kN/m^2 が発生していることがわかる。これも立派な，土に生じた応力なので，図中に点 (90, 30) を加えてやらないといけない。今度は，水平方向から 27° 傾けた面だけを見てみると，この面に対して垂直方向の応力 $\sigma=80$ kN/m^2，さらに面に沿う方向のせん断応力 $\tau=40$ kN/m^2 が発生している。当然，ここでも図中に点 (80, 40) を加える。このように，

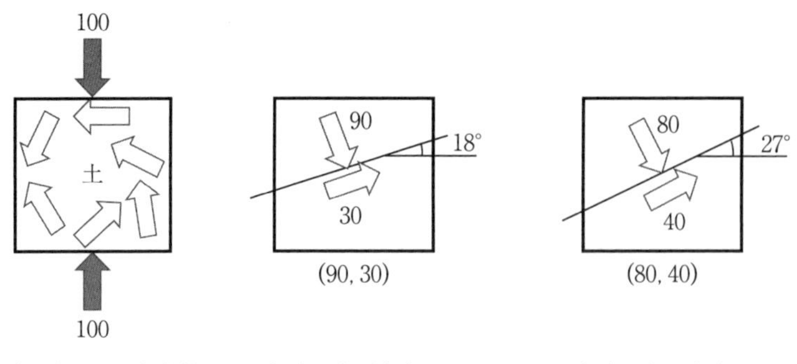

図 5.10　モールの応力円の正体（単位：kN/m²）

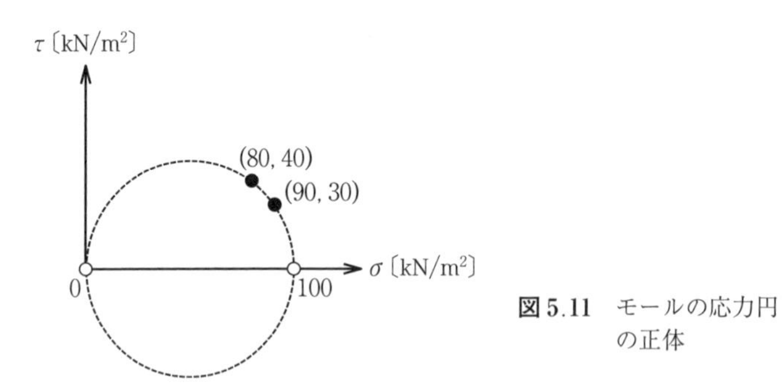

図 5.11　モールの応力円の正体

あらゆる角度の面に対する σ，τ を描いてつないでいくと，いずれ破線のような円になるのだ。これがモールの応力円の正体だ。

さて，モールの応力円がクーロンの破壊基準の線と接していないとはどういうことか。土の内部に想定されるあらゆる面上の応力状態のいずれもが破壊基準を満たさない，つまり破壊しないということだ。逆に，モールの応力円がクーロンの破壊基準の線と接しているというのは，土の内部のたった一つの面上の応力状態のみ，破壊基準を満たしていることになる。たとえ，たった一つでも破壊基準を満たせば，土としては破壊したことになる。これ以上の説明は，数学的に解かれるものであるが，おおよそのことは伝わっただろうか。

5.4 せ ん 断 試 験

5.4.1　せん断試験の種類

これまで，土の強度定数（c と ϕ）は問題文に与えられてきたが，本当は試験を実施することで得られるものである。これからいろいろと書くが，すべては c と ϕ を求めることが目的であることを見失わないでほしい。

土の強度定数（c と ϕ）を求める試験の名前を**せん断試験**といい，**一面せん断試験**・**一軸圧縮試験**・**三軸圧縮試験**の 3 種類ある。これらは試験する土の材料によって使い分けられ，一面せん断試験は砂，一軸圧縮試験は粘土と岩とコンクリート，三軸圧縮試験は砂と粘土，といった具合だ。硬い材料の場合，一軸圧縮試験を使う。一面せん断試験や一軸圧縮試験は比較的簡単に操作できるが，三軸圧縮試験は計器も複雑で手間もかかる（その分，多機能である）。

以上をまとめると**表 5.2** のようになる。それぞれについて詳説する。

表 5.2　試験材料

試験名	材料
一面せん断試験	①
一軸圧縮試験	②
三軸圧縮試験	③

5.4.2　一面せん断試験

〔1〕 試 験 手 順　**図 5.12** のような，上下に分割できる砂箱を用意する。中に砂を詰めて，下側のみ固定し，上側を徐々にずらしていく。すなわち砂にせん断力を与えるのだ。砂の強度が小さい場合，少し押すだけで砂はせん断破壊し，すぐに動き始める。砂の強度が大きい場合，強い力で押さないと，なかなか砂はせん断破壊しない。この性質を利用する。砂箱を押す力と，動いた距離を記録しておくことで，砂の強度が得られるという仕組みだ。

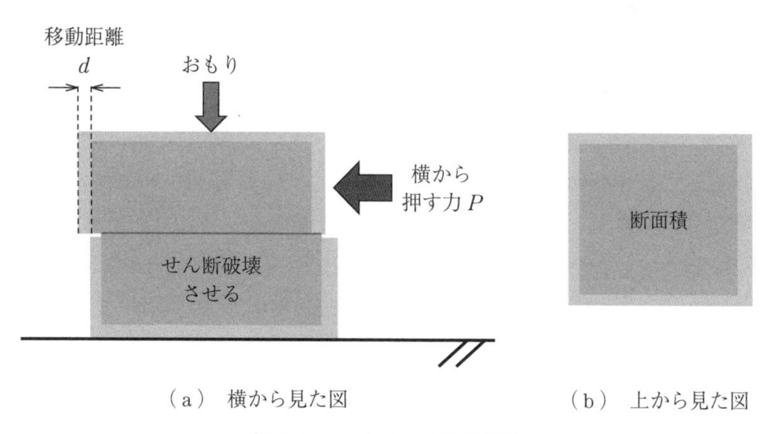

（a）　横から見た図　　　（b）　上から見た図

図 5.12　一面せん断試験装置

砂の強度定数は c と ϕ の二つがあり，1 回の試験で両方を得ることはできない。条件を変えて，2 回以上実施する必要がある。そこで砂箱を押すとき，上からもおもりを載せることにする。軽い・中くらい・重いの 3 パターンのおもりを使って，計 3 回の試験を実施することで，c と ϕ の両方の値を得ることができる。

〔2〕 試 験 結 果　試験で得られた，横に動いた距離（変位という）と横から押した力の関係は，おおよそ**図 5.13**（a）のようになる。上から載せるおもりは軽い・中くらい・重いの 3 パターンあるので，試験結果もそれに応じて 3 本の線となる。ここでも「土の世界では力よ

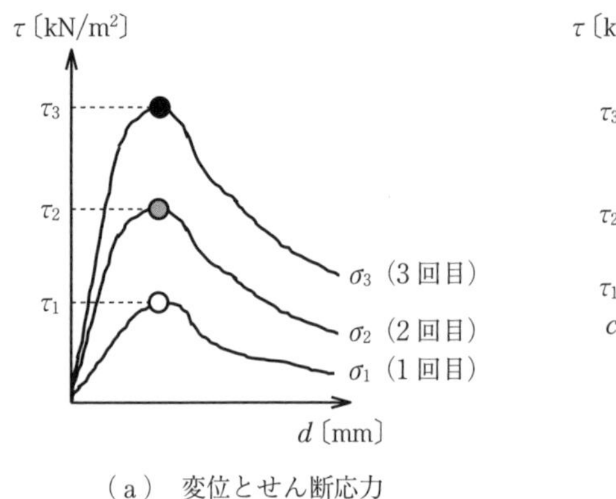

（a）　変位とせん断応力

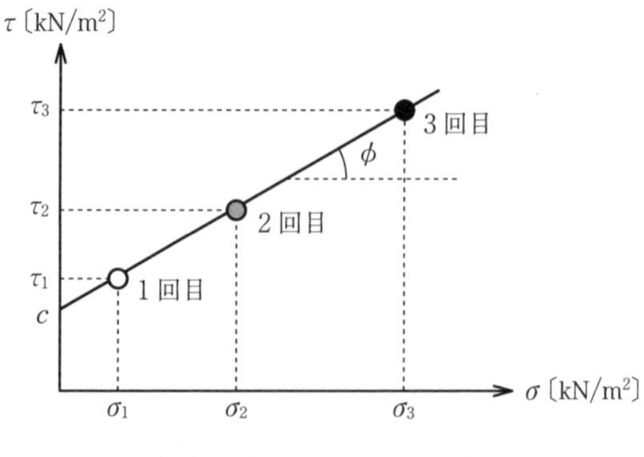

（b）　垂直応力とせん断応力

図 5.13　一面せん断試験の結果

り応力を使う」ルールに従うため，縦軸は，横から押す力 P を断面積で割った値（せん断応力 τ）に書き直している。ここで，線を区別するため重量を付記したいのだが，重量そのものではなく，重量を断面積で割った値（垂直応力 σ）に書き直す。おもりとの対応は，σ_1（軽い）σ_2（中くらい）σ_3（重い）である。

図 5.13（a）を見ると，原点から出発し，せん断応力が増加するにつれ変位も増えていく。ただ山のてっぺんに達すると，せん断応力はもう増えない。ここで土が破壊しているのだ（丸印）。この先は，土は破壊しているため，弱いせん断応力でもズルズルと変位は増えていく。

つぎに，土が破壊したときの σ と τ を，図（b）のような σ-τ 座標に移し替える。三つの丸印を付け，線で結んでやると，この土に対するクーロンの破壊基準の線の出来上がりだ。線と縦軸がぶつかる値である c，線の傾き角度である ϕ を読み取ってやればよい。

5.4.3　一軸圧縮試験

〔1〕 **試 験 手 順**　　一軸圧縮試験が一番わかりやすい。**図 5.14** のように，装置内に試験体を置いて，圧縮機で押しつぶすのだ。試験体を壊すのに要した力を計測しておくことで，試験体の強度が計算できる。

さていくつか注意点がある。まず，試験体には円柱（高さ 20 cm，直径 10 cm）を用いる。なにをいいたいかというと，砂では崩れてしまうのでこんな形はつくれないということだ。あ

図 5.14　一軸圧縮試験

る程度自立できる硬い材料が必要だ。ゆえに一軸圧縮試験では，粘土，岩，コンクリートなど硬い材料が対象となる。

つぎに，試験体の壊れ方だ。**図5.15**（a）をイメージしていないだろうか。このような壊れ方もなくはないが，土質力学では図（b）のような壊れ方を考える。このようなスパッとした壊れ方は，紛れもないせん断破壊である。一軸“圧縮”試験という名前でありながら，やはりせん断試験の一種なのである。

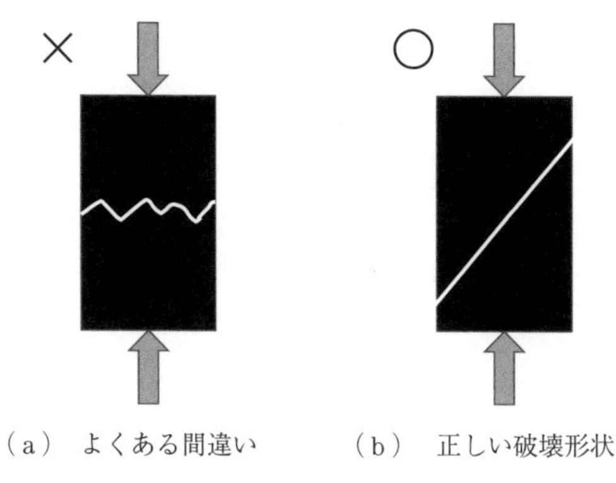

（a） よくある間違い　（b） 正しい破壊形状

図5.15 破壊の様子

〔2〕 **試験結果** 試験結果の整理も簡単である。試験体が壊れるときの荷重を記録しておき，土の断面積で割ることで応力に換算する。これを**一軸圧縮強度**といい q_u という記号で表す。q_u の半分が粘着力 c となる。内部摩擦角については，試験体が粘土，岩，コンクリートなので $\phi=0°$ としてよい。以上で c，ϕ ともに値を得ることができた。

一応，理屈についても触れておこう。**図5.16**（a）は，試験体が壊れるときの応力状態である。これをモールの応力円を用いて描くと，横方向には力が作用しないため，図（b）のように原点を通る円となる。さて，ここにクーロンの破壊基準の線を追加したい。試験体は破壊しているので，円に接する線となるはずである。さらに試験体材料から $\phi=0°$ と仮定できる。円に接して，かつ傾きがゼロの線は，図（b）の横に水平な線しかありえない。円の直径が q_u な

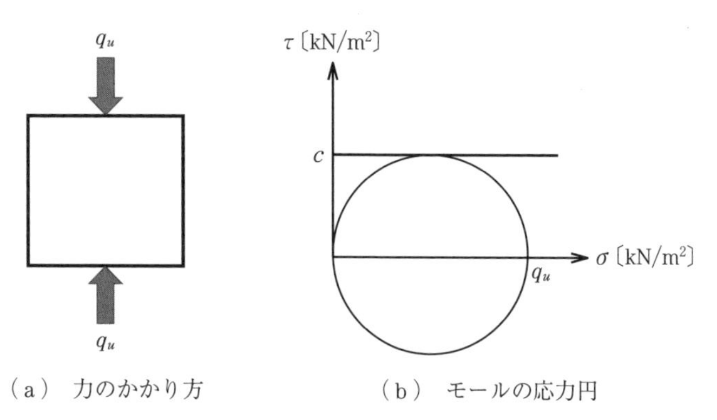

（a） 力のかかり方　（b） モールの応力円

図5.16 一軸圧縮試験の結果

ので，c は円の半径であり q_u の半分の値になる。あえて式にすると，式 (5.5) になる。q_u，c ともに単位は〔kN/m^2〕である。

$$c=\frac{q_u}{2} \tag{5.5}$$

5.4.4 三軸圧縮試験

〔1〕 試 験 手 順　三軸圧縮試験は最も複雑だ。実施するのも大変だし，試験の仕組みもややこしい。しかしその分，高機能だ。三軸圧縮試験の特徴として，いろいろとあるが，飽和土を対象に試験できることが挙げられる。このメリットは大きい。圧密や液状化といった，飽和土に関する現象を議論できる。ちなみに，一般的に一面せん断試験で飽和土を使うと，せん断箱のスキマから水が漏れ出してしまう。一軸圧縮試験では，軟らかすぎて試験体が自立しない。三軸圧縮試験が対象とするのは砂や粘土などである。岩やコンクリートなど，あまり硬いものは試験機が壊れてしまう。

それでは試験手順に入る。**図 5.17** は三軸圧縮試験機をきわめて単純化したものだ。まず，試験体を薄い筒状のゴム膜で包み，試験機の中に入れる。試験機を密封したのち，ゴム膜の外側を水で満たす。すると試験体には全方向から水圧が作用している状態になる[a)]。一面せん断試験ではおもりの重さを 3 種類試したが，三軸圧縮試験では水圧の強さを 3 種類設定する。水圧により試験体を拘束し，さらに装置に付帯したピストンで上下方向にのみ圧力を加える[b)]と，（一軸圧縮試験のように）試験体はせん断破壊する（肩付きの a)とb) については本項〔3〕を参照)。水圧の大きさを変えて計 3 回実施することで，試験体の c や ϕ が得られる。

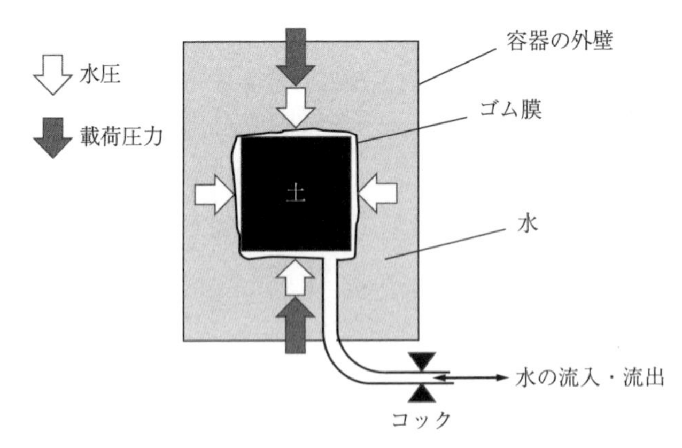

図 5.17　三軸圧縮試験の装置

〔2〕 試 験 結 果　**図 5.18** は試験体が破壊するときの応力状態である。四方から垂直方向に水圧が作用しており，さらに上下方向にのみ応力が追加している。例えば，水圧による拘束 $u=100$ kN/m^2 を与えた状態で，ピストンによる上下方向の圧力 $p=100$ kN/m^2 を加えると，試験体の上下方向の垂直応力 $\sigma_1=200$ kN/m^2，左右方向の垂直応力 $\sigma_3=100$ kN/m^2 である。

これらをモールの応力円に表記したものが**図 5.19** である。通常，3 回の試験を実施するの

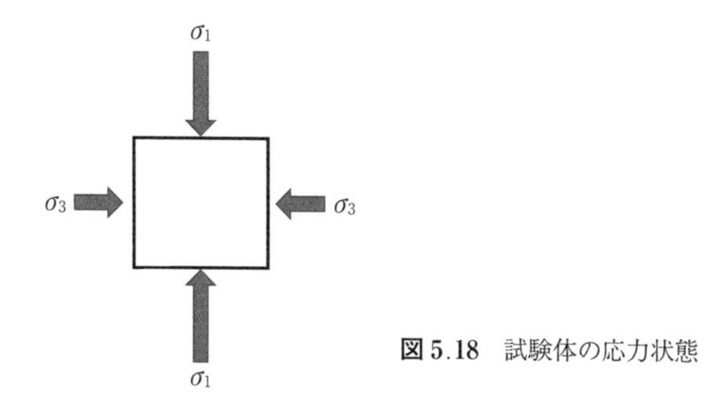

図 5.18　試験体の応力状態

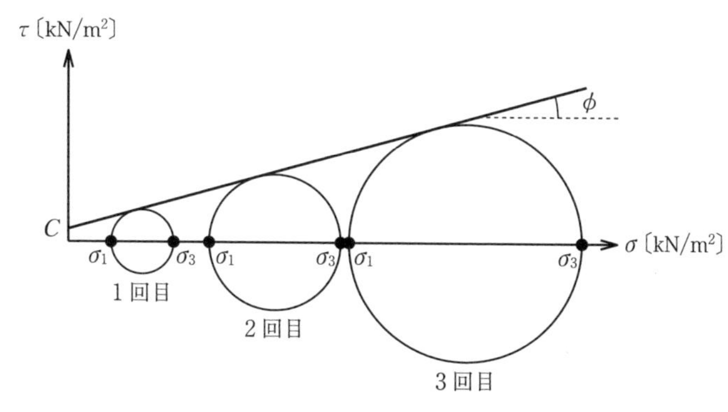

図 5.19　試験体の応力状態

で，円は三つになる。ここにクーロンの破壊基準の線を追加したい。試験体は破壊しているので，三つの円はすべてクーロンの破壊基準の線に接する必要がある。このことを考慮すると，図のようなクーロンの破壊基準の線が描ける。例によって，縦軸と交わる値が粘着力 c，直線の傾きから内部摩擦角 ϕ が得られる。

〔3〕　三軸圧縮試験の種類　　三軸圧縮試験の中でも，その実施方法によって，**表 5.3** に示すように，さらに 4 種類の試験に分類される。4 種類もある理由は後半に回すとして，まずはこれら四つがどのように異なるのかを説明する。おもな試験手順は本項〔1〕で説明したとおりなのだが，その中で示した a)，b) において選択肢が発生する。

表 5.3　三軸圧縮試験の種類

種類	略称	圧密	排水条件	試験結果	現場の状況
非圧密非排水	UU 試験	なし	非排水	c_u，ϕ_u	粘土地盤への急速な載荷
圧密非排水*	CU 試験	あり	非排水	c_{cu}，ϕ_{cu}	粘土地盤を圧密させて載荷
	$\overline{\text{CU}}$ 試験	あり	非排水	c'，ϕ'	
圧密排水	CD 試験	あり	排水	c_d，ϕ_d	砂地盤への載荷

*圧密非排水では，間隙水圧を測定しないものを CU 試験，するものを $\overline{\text{CU}}$ 試験と区別している。

a) について，「試験体には全方向から水圧が作用している状態になる」とあるが，水圧を作用させてしばらく放置すると試験体は圧密することになる。この圧密の操作を行うか否かで，話が変わってくる。圧密する場合を「圧密（Consolidated）」，圧密しない場合を「非圧密（Unconsolidated）」

と呼ぶ。

b) について，「ピストンで上下方向にのみ圧力を加える」とあるが，この際，図 5.17 にあるコックを開いたままにするのか，閉じるのかで話が変わってくる。開いたままにすると水が流れるので「排水（Drain）」，閉じると水は流れないので「非排水（Undrain）」と呼ぶ。

a) と b) の条件を組み合わせることで，表 5.3 が構成される。英語で略されることが多いが，頭文字を組み合わせただけだ。これらは試験時の条件が異なるので，得られる結果となる c, ϕ も異なってくる。そこで，それぞれ添え字をつけることで区別している。

さて，なぜ 4 種類もあるかという話だが，「現場工事の条件に合わせるため」である。一般的に工事を行う前には，対象の地盤がどれだけの c と ϕ を有するか調査をする。しかし，どのような工事（急速なのか，ゆっくりなのかなど）を行うかによって，現場の土の c と ϕ は違ってくるのだ。例えば，粘土地盤があったとして，これを圧密させる間もなく，急いで盛土をつくらなければいけない場合を考える。圧密させないので「非圧密」，粘土地盤なので透水係数が小さく，ほとんど排水されないので「非排水」が該当する。よって，三軸圧縮試験を行う場合，非圧密非排水（UU 試験）の条件で得られる c_u，ϕ_u が妥当な強度定数となる。このように，現場工事の条件に応じて，三軸圧縮試験の条件も合わせにいくのだ。

章 末 問 題

復 習 問 題

空欄を埋めよ。特に指示がない場合は語句を書け（／で語句を並べているところは，その中から選択せよ（複数選択可））。

【1】 土は固有の強さを持っており，これを土の（①）という。土に対して，①を上回る（② 圧縮力／引張力／せん断力）を加えると，土は（③ 圧縮破壊／引張破壊／せん断破壊）する。

【2】 土質力学では力（① 単位）ではなく，応力（② 単位）を用いることが多い。土を垂直に押さえつける「圧縮力」により発生する応力を（③ 名称と記号）といい，土をちぎる方向に作用する「せん断力」により発生する応力を（④ 名称と記号）という。

【3】 土の強度とは，（① 圧縮／引張／せん断）強度のことであり，（② 式）により求められる。式内に用いられる記号 c（③ 名称と単位）と ϕ（④ 名称と単位）を合わせて，（⑤）という。c が（⑥ 大きい／小さい）ほど，土の強度は高く，ϕ が（⑦ 大きい／小さい）ほど，土の強度は高い。c と ϕ の値はだいたい決まっており，（⑧ 砂／粘土）のとき c はゼロ，（⑨ 砂／粘土）のとき ϕ はゼロに近い値をとる。

【4】 図 5.20 は，土が破壊するか否かを判定するために用いる図である。空欄① ～ ⑦を埋めよ。

【5】 c と ϕ を計測するための試験を（①）という。①の種類には（②），（③），（④）がある。（②）はせん断箱をずらすことでせん断強度を計測する試験である。（③）により得られる試験データである q_u は（⑤ 語句と単位）と呼ばれ，粘着力 c の（⑥ 2 倍／半分）の値をとる。（④）は複雑な試験装置を用いて，水圧により土を圧縮（圧密）させる手順を踏む。おもに，②は（⑦ 砂／粘土／岩／コンクリート），③は（⑧ 砂／粘土／岩／コンクリート），④は（⑨ 砂／粘土／岩／コンクリート）を対象に実施される。

【6】 三軸圧縮試験は，試験時の条件によって（① 語句と英略称），（② 語句と英略称），（③ 語句と英略称）がある。これらは現場工事の条件に応じて，適宜，選択されるものである。

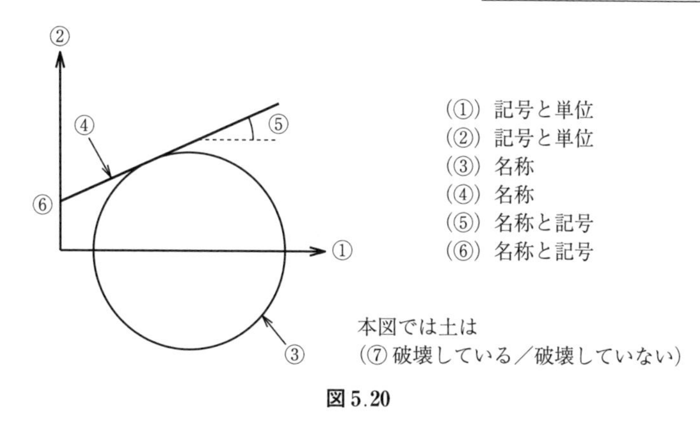

図 5.20

［**解答欄**］

【1】	①	②	③	
【2】	①	②	③	④
【3】	①	②	③	④
	⑤	⑥	⑦	⑧
	⑨			
【4】	①	②	③	④
	⑤	⑥	⑦	
【5】	①	②	③	④
	⑤	⑥	⑦	⑧
	⑨			
【6】	①	②	③	

基　本　問　題

以下の問に答えよ。単位が必要な場合は必ず書け。

【1】　ある土の強度定数は粘着力 c=10 kN/m^2，内部摩擦角 ϕ=30° であった。この土を垂直応力 σ=10 kN/m^2 で圧縮させながら，せん断応力 τ=50 kN/m^2 でせん断したい。この土は破壊するか。

［解答欄］

【2】 図 5.21 の地盤の 2 地点 A, B を考える。以下の問に答えよ。

(1) A と B における垂直応力 σ をそれぞれ求めよ。

(2) A と B におけるせん断強度 S をそれぞれ求めよ。

(3) (2) の結果より，地中深くなると，土の強度は大きくなるか，それとも小さくなるか。

(4) A と B にそれぞれせん断応力 100 kN/m^2 を作用させる。それぞれの地点において，土は破壊するか否か，検討せよ。

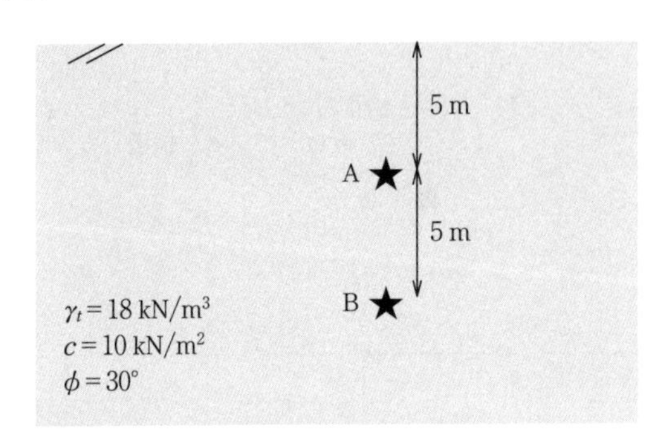

図 5.21

［解答欄］

【3】 モールの応力円を用いて，以下の問に答えよ。

(1) 図 5.22 のような状態の土は，破壊するか否か。

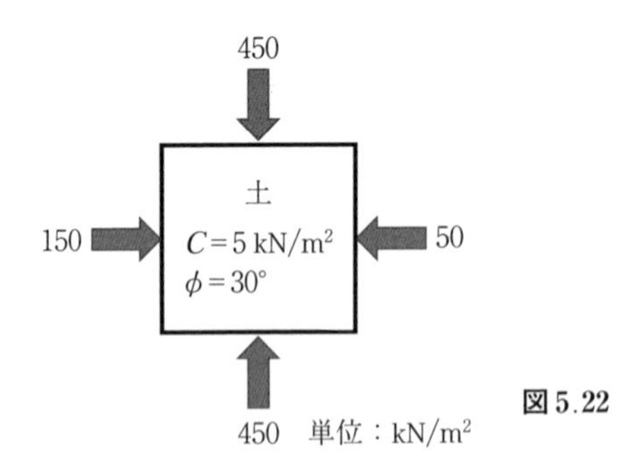

図 5.22

［解答欄］

(2) **図 5.23** のような状態で土が破壊したとき，この土の強度定数（粘着力 c と内部摩擦角 ϕ）を求めよ。

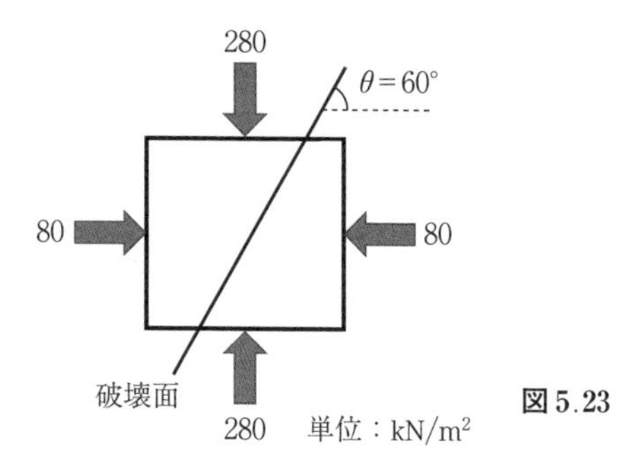

図 5.23

［解答欄］

【4】 一面せん断試験について，以下の問に答えよ。

(1) 試験体の土の断面が，一辺 5 cm の正方形とするとき，断面積を求めよ（これは問題用の設定で，実際は円形である）。

(2) **表 5.4** は試験結果である。表の空欄①～⑫を埋めよ。

表 5.4

力・応力の種類	記号	単位	試験実施		
			1回目	2回目	3回目
垂直力	P	N	250	500	1 000
垂直応力	σ	N/cm^2	①	②	③
		kN/m^2	④	⑤	⑥
せん断力	S	N	250	500	1 000
せん断応力	τ	N/cm^2	⑦	⑧	⑨
		kN/m^2	⑩	⑪	⑫

(3) 表 5.4 の試験結果についてクーロンの破壊基準の線を描け。

(4) この土の強度定数（粘着力 c と内部摩擦角 ϕ）を求めよ。

(5) (4) の結果より，この土の種類は砂と粘土のいずれであるか。

［解答欄］

【5】 ある粘土に対して，一軸圧縮試験を実施した。以下の問に答えよ。

(1) 試験体の粘土の断面が直径 6 cm の円とするとき，断面積を求めよ（これは問題用の設定で，実際は直径 5 cm の場合が多い）。

(2) 試験体の粘土に垂直力 282.6 N が作用したとき，試験体が破壊した。このとき垂直応力〔N/cm^2〕はいくらか。

(3) (2) の答えの単位を〔kN/m^2〕に変換するといくらか。

(4) この土の一軸圧縮強度 q_u はいくらか。

(5) 本試験に関して，モールの応力円を描け。

(6) この土の粘着力 c を求めよ。ただし $\phi=0°$ としてよい。

(7) この試験体の破壊面の角度を求めよ。

［解答欄］

【6】 三軸圧縮試験について，以下の問に答えよ。

(1) **表 5.5** の試験結果について，空欄①～⑥を埋めよ。

表 5.5

圧力・応力の種類	記号	単位	試験実施		
			1回目	2回目	3回目
水圧による拘束圧	u	kN/m^2	40	90	140
ピストンで加えた上下方向の圧力	p	kN/m^2	100	200	300
垂直応力（上下）	σ_1	kN/m^2	①	②	③
垂直応力（左右）	σ_2	kN/m^2	④	⑤	⑥

(2)　本試験に関して，モールの応力円を描け。

(3)　試験体の土の強度係数（粘着力 c と内部摩擦角 ϕ）を求めよ。

(4)　試験体の破壊面の角度を求めよ。

［解答欄］

難　　問

図 5.24 の応力状態の微小な正方形の土要素について，以下の問に答えよ。

(1)　θ 傾いた面に生じる応力 σ_θ と τ_θ を求めよ。

(2)　モールの応力円が円形になることを示せ。

(3)　モールの応力円での中心角 α は，供試体の破壊面の角度 θ の 2 倍であることを示せ。

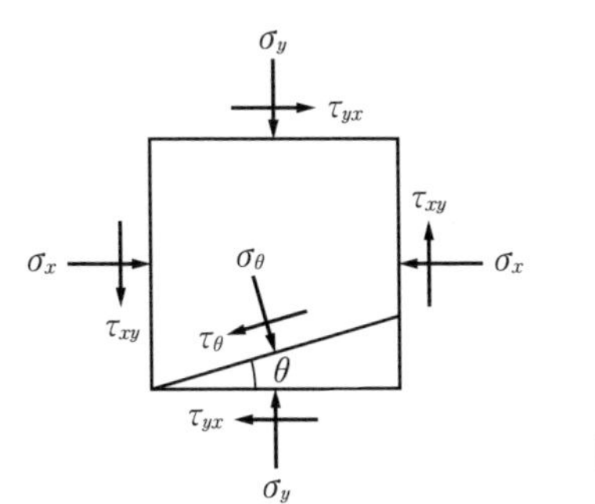

図 5.24

公務員試験問題

図 5.25 のように，ある土の円柱形供試体に $\sigma_3 = 120$ kN/m^2 の側圧を作用させたまま，軸方向応力 $\sigma_1 = 420$ kN/m^2 をかけたとき，供試体は水平面に対して $\alpha = 60°$ のすべり面で破壊した。このとき，つぎ

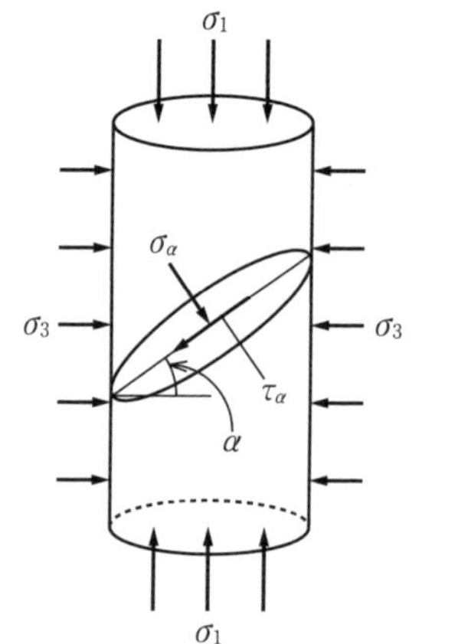

図 5.25

の問に答えよ。ただし，計算の過程も示すこと。[東京都 令和 2 年度 1 類 A 採用試験 土木]

(1)　モールの応力円とクーロンの破壊線を描け。

(2)　円柱形供試体試料のせん断抵抗角（内部摩擦角）ϕ と粘着力 c を求めよ。

(3)　すべり面に働く垂直応力 σ_α とせん断応力 τ_α を求めよ。

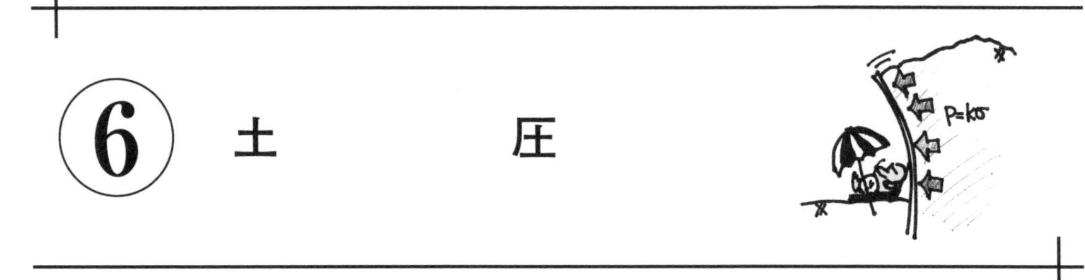

6　土　圧

地面に穴を掘る場合，穴が崩れないように，周囲に鉄やコンクリートの「壁」をつくる。壁は土が崩れてこないように，人知れず一生懸命支えている。土による力（圧力）を土圧という。土圧が大きいほど，頑丈な壁が必要だ。本章では土圧の計算方法について学ぼう。いろいろと書くが，6.4 節の例題が解ければ問題ない。

6.1　土圧の種類

土圧には三つの種類があり，それぞれ静止土圧，主働土圧，受働土圧と呼ぶ。土圧に種類があるとはいったいどういうことか。それぞれについて説明する。

〔1〕 **静止土圧**　**図 6.1**（a）は，土の中に壁が埋まっている図だ。壁の両側からは，土による圧力が作用している。この場合は，壁が動かないので**静止土圧**という。土圧は水圧と同じく，地中深くなるにつれ大きくなる。

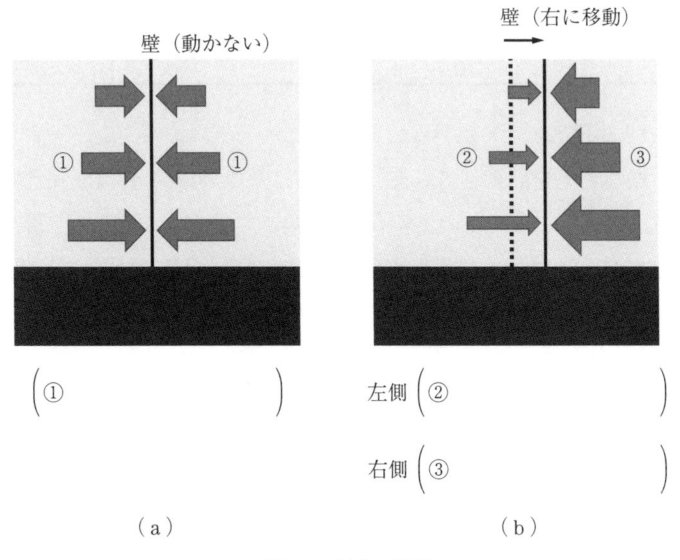

図 6.1　土圧の種類

〔2〕 **主働土圧と受働土圧**　図 6.1（b）は，土中の壁が右方向に動こうとしている図だ（現実的かどうかはいったんさておき）。当然，壁の両側からは土圧が作用している。左側の土

からすると，壁が逃げていくのでいまいち踏ん張って押せない。これを**主働土圧**という。さらに右側の土からすると，「こっちに来るな！」といわんばかりに，必死で壁を押し返そうとする。これが**受働土圧**である。

以上から，主働土圧＜静止土圧＜受働土圧の順に，土圧は大きくなる傾向にある。

さて，壁が動くとはどういうことか。例えば，**図 6.2** は，ごく一般的な土留め壁である。壁上部の左側には土がないので，壁は左側に曲がろうとする（図は誇張して表現）。するとその背面（右側）の土は主働土圧状態となる。一方，壁の下端付近の左側の土は押されているので受働土圧状態となっている。

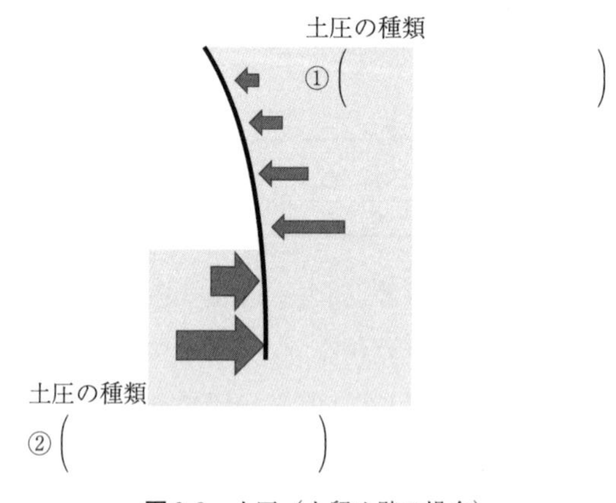

図 6.2　土圧（土留め壁の場合）

6.2　土圧の計算方法

6.2.1　土　　　圧

図 6.3 の★印の点の土圧を計算してみよう。まずは土中の応力 σ〔kN/m^2〕（第 3 章を参照）から計算すると式 (6.1) となる。土の単位体積重量については，乾燥 γ_d，湿潤 γ_t，飽和 γ_{sat} のいずれでも成り立つが，ここでは一番よく使う湿潤 γ_t〔kN/m^3〕に統一して説明する。★印の点の深さは，壁の高さ H〔m〕と等しいとする。

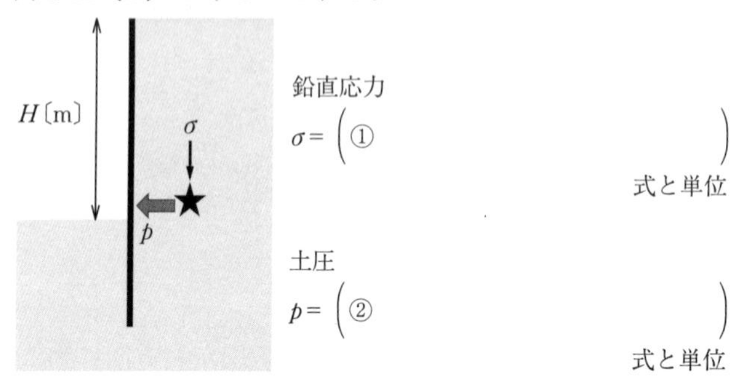

図 6.3　土圧の計算

$$\sigma=\gamma_t H \tag{6.1}$$

これは式 (3.2) と同じもので，σ は上下方向（鉛直方向）の応力を示している。土圧は横向きなので，横方向にしないといけない。どうすればいいのか。**土圧係数** K という値を掛けてやればよい。それだけだ。K の正体は次節にて説明する。★印の点の土圧 p〔kN/m^2〕は式 (6.2) となる。

$$p=K\gamma_t H \tag{6.2}$$

6.2.2 土 圧 係 数

土圧係数 K は，土圧の種類に応じて 3 種類ある。**静止土圧係数** K_0，**主働土圧係数** K_a，**受働土圧係数** K_p である。添え字は，主働（active），受働（passive）の頭文字から来ており，静止は動いていないという意味で“0”なのだろう。状況に応じて，これら三つの土圧係数を使い分けることになる。式 (6.2) を，静止土圧，主働土圧，受働土圧に区別するため，それぞれ p_0，p_a，p_p といったように添え字を付けて表すと，式 (6.3)〜(6.5) になる。

$$p_0=K_0\gamma_t H \tag{6.3}$$

$$p_a=K_a\gamma_t H \tag{6.4}$$

$$p_p=K_p\gamma_t H \tag{6.5}$$

6.2.3 土 圧 の 合 力

式 (6.3) 〜 (6.5) は，ある深さにある★印の点の土圧の計算である。壁には下から上まで土圧が作用しているので，土圧を足し合わせることが多い。これを**土圧の合力**という。土圧の合力自体を「土圧」ということもあるが，本書では「土圧の合力」で統一する。記号も大文字の P を使おう。

土圧の合力は**図 6.4** の三角形の面積に等しい。底辺が $\sigma_h(=K\gamma_t H)$〔kN/m^2〕，高さが H〔m〕の三角形なので，土圧の合力は $(K\gamma_t H^2)/2$〔kN/m〕だ。これを静止・主働・受働に区別して書くと，式 (6.6) 〜 (6.8) になる。

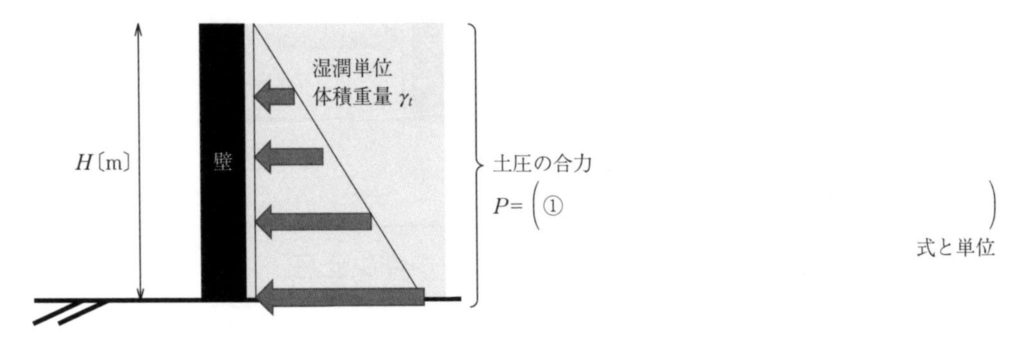

図 6.4　土圧の合力

$$P_0=\frac{1}{2}p_0H=\frac{1}{2}K_0\gamma_tH^2 \tag{6.6}$$

$$P_a=\frac{1}{2}p_aH=\frac{1}{2}K_a\gamma_tH^2 \tag{6.7}$$

$$P_p=\frac{1}{2}p_pH=\frac{1}{2}K_p\gamma_tH^2 \tag{6.8}$$

ここで，P_0：静止土圧の合力〔kN/m〕，P_a：主働土圧の合力〔kN/m〕，P_p：受働土圧の合力〔kN/m〕，K_0：静止土圧係数，K_a：主働土圧係数，K_p：受働土圧係数，γ_t：土の湿潤単位体積重量〔kN/m^3〕である。

式中の土圧係数Kは，壁の条件からK_a，K_0，K_pを選んでやればよく，図6.4の場合だと主働土圧状態なので，K_aとするのが妥当だ。土圧の合力Pの単位は〔kN/m〕であるが，これは壁に作用する力を壁延長方向（奥行方向）に1mで区切った，という意味である。どこかで区切らないと，土圧の合力が無限になってしまう。

6.2.4 作　用　点

土圧を合力として計算しておき，どこか代表点に与えるという考え方がある。この代表点を**作用点**という。モーメント計算のときによく使う方法である。土圧や水圧のように三角形に分布する荷重の場合，下から3分の1のところが作用点だ（**図6.5**）。作用点の位置をH_c〔m〕，壁の高さをH〔m〕とすると，式(6.9)で表される。土圧の合力と作用点，この二つを押さえておけば，土圧の計算は大丈夫だ。

$$H_c=\frac{1}{3}H \tag{6.9}$$

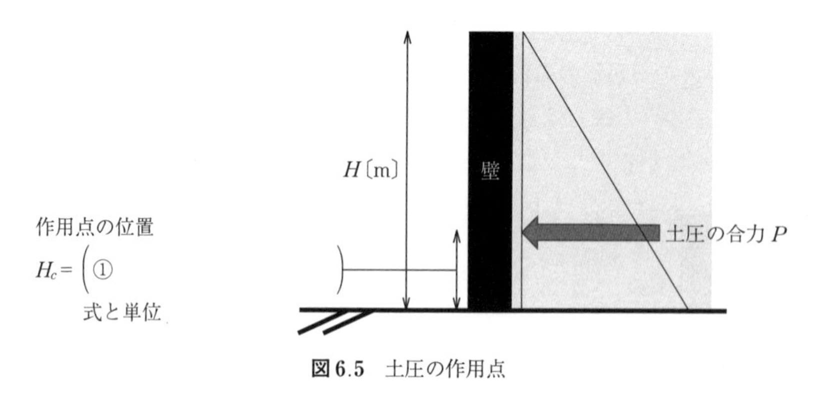

図6.5　土圧の作用点

6.3　クーロン土圧・ランキン土圧

さて，突然登場した土圧係数Kだが，いったい何物なのか。いまから説明するが，難しいことが嫌なら，式(6.10)だけ覚えてしまおう。

昔の偉い人であるクーロンとランキンは，特に主働土圧係数 K_a と受働土圧係数 K_p について研究した。クーロンの考えた土圧は**クーロン土圧**，ランキンの考えた土圧は**ランキン土圧**という。クーロン土圧とランキン土圧は，**表 6.1** のように使用できる条件が異なる。しかし，**図 6.6** の場合では，両者の答えが一致する。この場合を中心に見ていこう。

表 6.1　クーロン土圧とランキン土圧

	クーロン土圧	ランキン土圧
①壁の角度	○	垂直のみ
②壁の摩擦	○	考慮できない
③背面の角度	○	○
④土の種類	砂を前提とする	○

○は制限なし

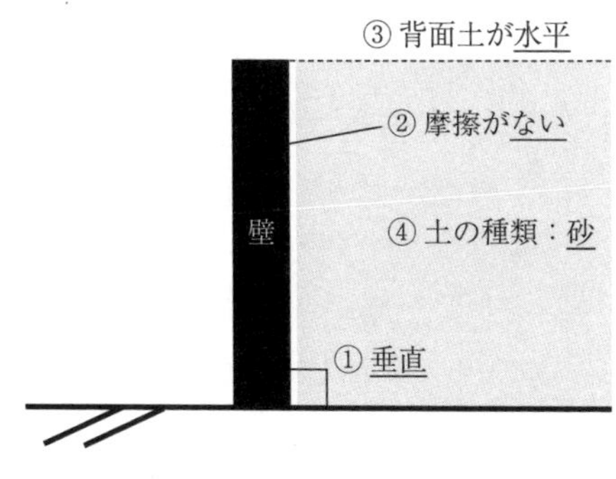

図 6.6　クーロン土圧とランキン土圧が一致する条件

6.3.1　クーロン土圧

まずはクーロン土圧である。**図 6.7**（a）のような主働土圧状態の砂を考える。砂なので粘着力はゼロである。クーロンは，背面の砂は，斜線より上部の土のみ，壁にもたれかかると考えた。これが土圧の正体である。一方で，斜線より下は土圧に関係しない。つまり斜線は砂の

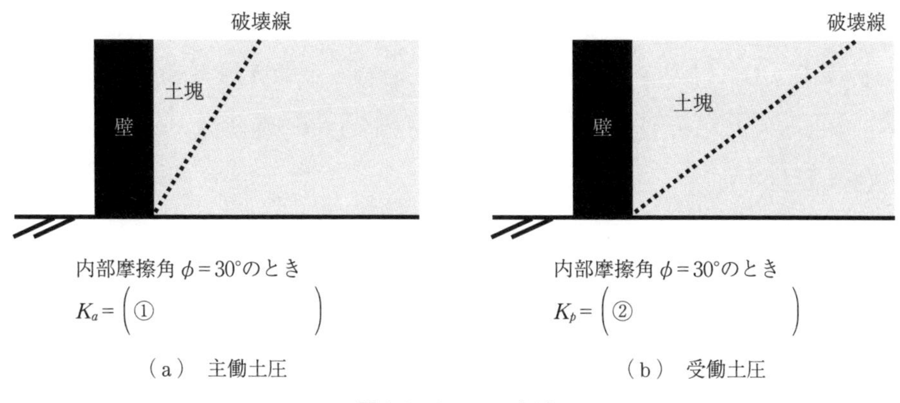

（a）　主働土圧　　（b）　受働土圧

図 6.7　クーロン土圧

破壊線（第5章を参照）を表しているのだ。斜線より上部の砂をかたまりと見て**土塊**（どかい）と呼ぶことにしよう。土の内部摩擦角が大きいほど，摩擦が働くので，土塊はすべり落ちにくい。すると土圧は小さくなり，これすなわち土圧係数が小さいことを意味する。

つぎに図6.7（b）のような受働土圧状態の砂を考える。今度は壁が砂を押す方向に動くので，破壊線の傾きも変わってくる。壁が土塊を押し上げようとするも，破壊線での摩擦抵抗を受ける。砂の内部摩擦角が大きいほど，摩擦が働くので，土塊を押し上げるのに大きな力が必要となる。つまり土圧係数は大きくなる。

以上のことをにらみながら，クーロンは，主働土圧係数 K_a と受働土圧係数 K_p をそれぞれ式(6.10)，(6.11)のように定めた。

$$K_a = \tan^2\left(45° - \frac{\phi}{2}\right) \tag{6.10}$$

$$K_p = \tan^2\left(45° + \frac{\phi}{2}\right) \tag{6.11}$$

ここで，ϕ：内部摩擦角〔°〕である。ϕ が30°の場合については，よく問われるので，一度は計算しておいてほしい。

6.3.2 ランキン土圧

つぎにランキン土圧だ。クーロン土圧と同じく，**図6.8**（a）のような主働土圧状態の砂を考える。クーロン土圧でも述べたように，この砂は破壊に至っている。破壊といえば，モールの応力円の登場である。図（a）の破壊線上のある要素を見てみると，上下方向には $\sigma(=\gamma z)$ の応力で，横方向は $K_a\sigma$ である。この応力状態をモールの応力円に描くと，図（c）のように2点 $(K_a\sigma, 0), (\sigma, 0)$ を直径とする円となる。K_a は1より小さいから，$K_a\sigma$ は σ より左側に位置することに注意しよう。

続いて，図（b）のような受働土圧状態の砂を考える。ほとんど主働土圧のときと同じ手順なので省略する。K_p は1より大きいので，モールの応力円は図（c）のようになる。

最後に，この砂のクーロンの破壊基準の線を描いてみよう。粘着力はゼロなので，原点を通る傾き ϕ の線となる。砂は破壊状態にあるため，二つの円と線は接しなければならない。この図の位置関係から，（だいぶ計算を省略するが）主働土圧係数 K_a と受働土圧係数 K_p はそれぞれ式(6.12)，(6.13)のように求まる。クーロン土圧の式とまったく同じである。

$$K_a = \tan^2\left(45° - \frac{\phi}{2}\right) \tag{6.12}$$

$$K_p = \tan^2\left(45° + \frac{\phi}{2}\right) \tag{6.13}$$

ここで，ϕ：内部摩擦角〔°〕である。

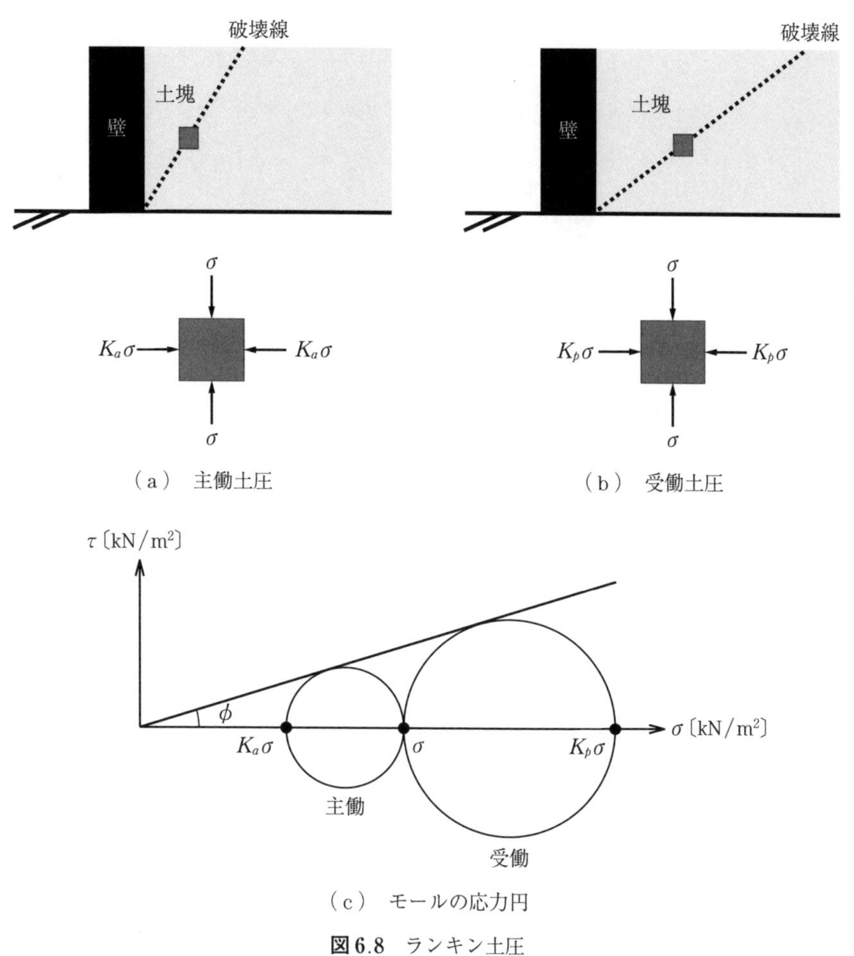

図 6.8　ランキン土圧

6.3.3　クーロン土圧とランキン土圧の詳説★

クーロン土圧とランキン土圧について詳しく説明する。難しそうと感じるなら読み飛ばして構わない。

クーロンの土圧係数を正式に書くと，式 (6.14)，(6.15) になる。

$$K_a = \frac{\sin^2(\theta-\phi)}{\sin^2\theta\sin(\theta+\delta)}\left(1+\sqrt{\frac{\sin(\phi+\delta)\sin(\phi-\beta)}{\sin(\theta+\delta)\sin(\theta-\beta)}}\right)^{-2} \tag{6.14}$$

$$K_p = \frac{\sin^2(\theta+\phi)}{\sin^2\theta\sin(\theta-\delta)}\left(1-\sqrt{\frac{\sin(\phi+\delta)\sin(\phi+\beta)}{\sin(\theta-\delta)\sin(\theta-\beta)}}\right)^{-2} \tag{6.15}$$

ここで，θ：背面土の角度〔°〕，ϕ：内部摩擦角〔°〕，δ：壁面摩擦角〔°〕，β：背面土の角度〔°〕である。

めまいのしそうな複雑な式なので，覚える必要はない。ここでいいたいのは，本来のクーロン土圧はこんなに複雑だけど，その分，壁の角度，壁の摩擦抵抗も考慮できる（**図 6.9**）ということだ。式 (6.14) において，$\theta=90°$，$\delta=0°$，$\beta=0°$ とすると，おなじみの式 (6.10) が得られる。

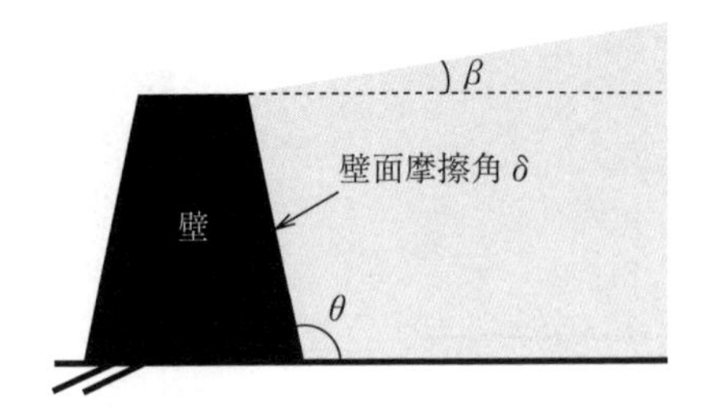

図 6.9　クーロン土圧（詳説）

ランキンの土圧係数を正式に書くと，式 (6.16)，(6.17) になる。

$$K_a = \cos\beta \frac{\cos\beta - \sqrt{\cos^2\beta - \cos^2\phi}}{\cos\beta + \sqrt{\cos^2\beta - \cos^2\phi}} \tag{6.16}$$

$$K_p = \cos\beta \frac{\cos\beta + \sqrt{\cos^2\beta - \cos^2\phi}}{\cos\beta - \sqrt{\cos^2\beta - \cos^2\phi}} \tag{6.17}$$

ここで，ϕ：内部摩擦角〔°〕，β：背面土の地表面角度〔°〕である。

ただし，壁は垂直，かつ摩擦を持たないツルツルした壁であることが前提だ（**図 6.10**）。その場合，土圧は式 (6.18)，(6.19) になる。

$$p_a = \gamma H K_a - 2C\sqrt{K_a} \tag{6.18}$$

$$p_p = \gamma H K_p + 2C\sqrt{K_p} \tag{6.19}$$

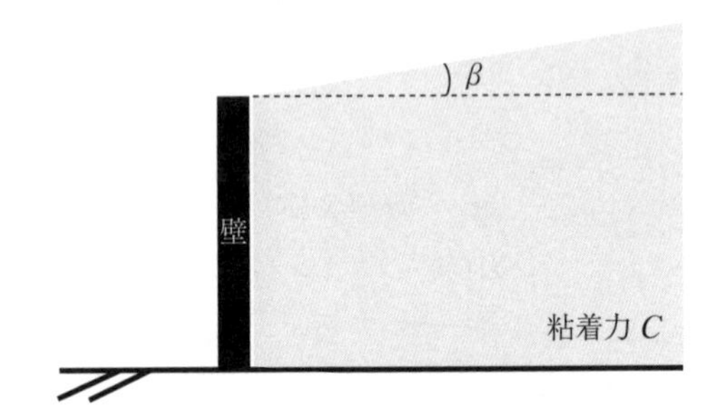

図 6.10　ランキン土圧（詳説）

粘着力がある土は，粘着力がない土に比べ破壊しにくい。すると土は壁にもたれにくくなるので主働土圧は減る。逆に，土が抵抗しようとする力は大きくなるので，受働土圧は増える。これを念頭に式 (6.18)，(6.19) を見ると，主働土圧では式 (6.18) から粘着力に関する項が引かれ，受働土圧では式 (6.19) に粘着力に関する項が足されていることがわかる。式 (6.18) と式 (6.19) をそれぞれ深さ方向に積分すると，土圧の合力である式 (6.20)，(6.21) が得られる。

$$P_a = \frac{1}{2}\gamma H^2 K_a - 2CH\sqrt{K_a} \tag{6.20}$$

$$P_p = \frac{1}{2}\gamma H^2 K_a + 2CH\sqrt{K_a} \tag{6.21}$$

6.4 例題を解こう！

例題を解きながら，土圧をマスターしよう。この4題ができれば，ひとまず問題ないだろう。

例題 6.1

背面の土は，湿潤砂（$\gamma_t = 18$ kN/m^3, $c = 0$ kN/m^2, $\phi = 30°$）とする（**図 6.11**）。以下の問に答えよ。

(1) ★印の点に作用する土圧 p_a はいくらか。

(2) 壁に作用する土圧の合力 P_a はいくらか。

(3) 作用点はどこか。

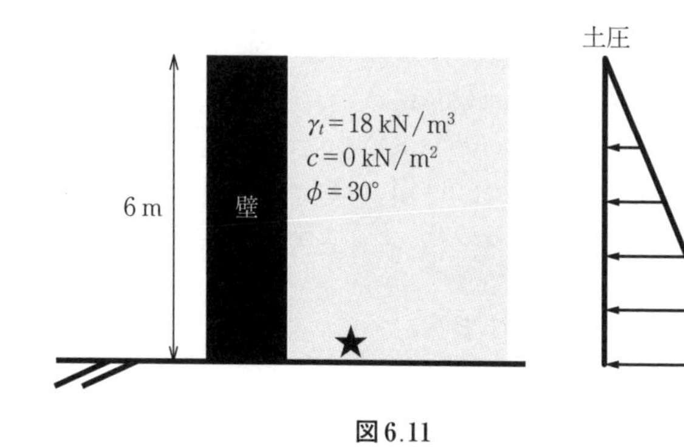

図 6.11

【**解答**】 図 6.11 は主働土圧状態である。式 (6.5) もしくは式 (6.7) より $\phi = 30°$ とすると $K_a = 1/3$ となる。この問題の条件だと，クーロン土圧でもランキン土圧でも結果は同じである。

(1) 式 (6.4) より

$$\text{土圧}：p_a = K_a \times \gamma_t \times H = \frac{1}{3} \times 18 \times 6 = 36 \text{ kN/m}^2$$

(2) 式 (6.7) より

$$\text{土圧の合力}：P_a = \frac{1}{2} \times p_a \times H = \frac{1}{2} \times 36 \times 6 = 108 \text{ kN/m}$$

(3) 式 (6.9) より

$$\text{作用点の位置}：H_c = \frac{1}{3} \times H = \frac{1}{3} \times 6 = 2 \text{ m}$$

よって，下から2mとなる。 ◇

例題 6.2

背面の土は，飽和砂（$\gamma_{sat} = 20$ kN/m^3, $c = 0$ kN/m^2, $\phi = 30°$）とする（**図 6.12**）。以下の問に答えよ。

(1) ★印の点に作用する土圧 p_a はいくらか。

(2) 壁に作用する合力 P_a はいくらか。

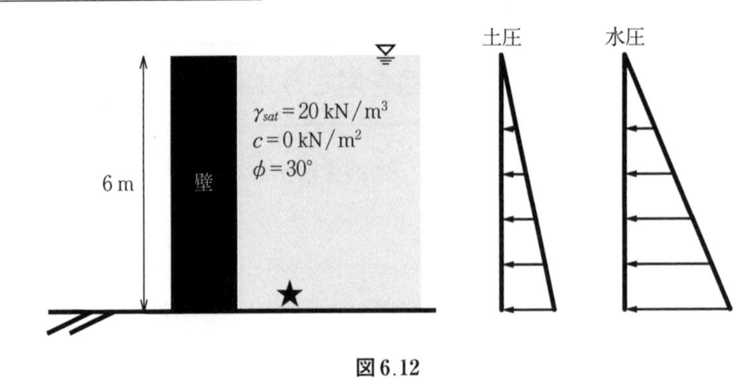

図 6.12

【解答】 飽和砂なので水で満たされている。すなわち壁には土圧だけではなく，水圧まで作用しているのだ。土圧と水圧は分けて考えないといけない。

(1) 第 3 章を思い出してほしい。まずは上下方向（鉛直方向）の応力を計算しよう。

全応力：$\sigma=\gamma_{sat}\times H=20\times 6=120$ kN/m^2

間隙水圧：$u=\gamma_w\times H=9.8\times 6=58.8$ kN/m^2

有効応力：$\sigma'=\sigma-u=120-58.8=61.2$ kN/m^2

有効応力は土の応力を示しているので，土圧は有効応力に土圧係数を掛けたものとなる。

土圧：$p_a=\sigma'\times K_a=20.4$ kN/m^2

水圧は間隙水圧のことで，このままでよい。

水圧：$u=58.8$ kN/m^2

(2) 土圧と水圧の合力をそれぞれ求める。

土圧の合力：$P=0.5\times p\times H=61.2$ kN/m

水圧の合力：$U=0.5\times u\times H=176.4$ kN/m

足し合わせると，壁に作用する合力は 237.6 kN/m となる。　◇

例題 6.3

背面の湿潤土（$\gamma_t=18$ kN/m^3，$c=0$ kN/m^2，$\phi=30°$）に，上載荷重（$q=15$ kN/m^2）が作用している（**図 6.13**）。以下の問に答えよ。

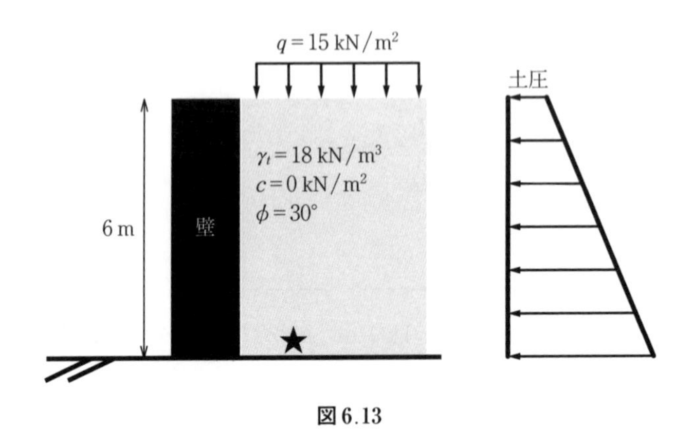

図 6.13

(1)　★印の点に作用する土圧 p_a はいくらか。

(2)　壁に作用する合力 P_a はいくらか。

【解答】　壁の背面に建物や道路があると，上載荷重として背面土に作用する。このことは土圧にもおおいに影響してくる。

(1)　上載荷重がない場合，上下方向（鉛直方向）の応力は $\sigma=\gamma_t\times H=18\times 6=108\,\mathrm{kN/m^2}$ となる。これに上載荷重（$q=15\,\mathrm{kN/m^2}$）が加わると，$\sigma=108+15=123\,\mathrm{kN/m^2}$ となる。

　よって，土圧は $p_a=K_a\times\sigma=1/3\times 123=41\,\mathrm{kN/m^2}$ となる。

(2)　地表面にも荷重が作用していることがポイントである。

　地表面の土圧は $p_a=K_a\times q=1/3\times 15=5\,\mathrm{kN/m^2}$ となる。土圧の合力は台形の面積となるので，$P_a=(5+41)\times 6\times 1/2=138\,\mathrm{kN/m}$ となる。　◇

例題 6.4

背面は粘性を持つ湿潤土（$\gamma_t=18\,\mathrm{kN/m^3}$，$c=10\,\mathrm{kN/m^2}$，$\phi=30°$）とする（**図 6.14**）。以下の問に答えよ。

(1)　★印の点に作用する土圧 p_a はいくらか。

(2)　壁に作用する合力 P_a はいくらか。

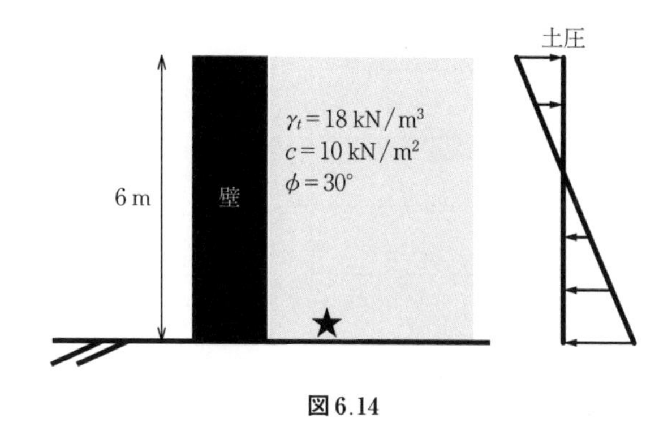

図 6.14

【解答】　ランキン土圧を適用する。式 (6.12) より主働土圧係数 $K_a=1/3$ である。

(1)　式 (6.18) より

$$p_a=\gamma_t HK_a-2C\sqrt{K_a}=18\times 6\times\frac{1}{3}-2\times 10\times\sqrt{\frac{1}{3}}=24.45\,\mathrm{kN/m^2}$$

(2)　式 (6.20) より

$$P_a=\frac{1}{2}\gamma_t H^2K_a-2CH\sqrt{K_a}=38.72\,\mathrm{kN/m}$$

例題 6.1 と比較すると，粘性がある土なので崩れにくく，壁に作用する土圧も小さい。この大小の感覚は持っておいてほしい。　◇

章　末　問　題

復　習　問　題

以下の空欄を埋めよ。特に指示がない場合は語句を書け（／で語句を並べているところは，その中から選択せよ）。

【1】 土の圧力を（①）という。（①）は圧力なので単位は（②）である。

【2】 土圧には3種類あり，小さい順に（①），（②），（③）となる。土圧は土の鉛直方向の応力に，（④ 語句と記号）を掛けることで計算できる。（④）にも3種類あり，（①）のとき（⑤ 語句と記号），（②）のとき（⑥ 語句と記号），（③）のとき（⑦ 語句と記号）という。

【3】 土圧を計算するときの考え方として，土圧を研究した科学者2名（①），（②）にちなんで，（①）土圧，（②）土圧がある。（①）は壁背面の土の破壊線を利用し，土塊重量から土圧を計算した。（②）は壁背面の土が破壊状態にあることを利用し，モールの応力円を用いて計算した。

【4】 土の強度定数 c や ϕ が大きいと，土は崩れにくくなる。すると壁に作用する土が減り，主働土圧としては（① 大きく／小さく）なる。つまり一般的に粘土は砂に比べて，主働土圧は（② 小さく／大きく）なる。

［解答欄］

【1】	①	②		
【2】	①	②	③	④
	⑤	⑥	⑦	
【3】	①	②		
【4】	①	②		

基　本　問　題

以下の問に答えよ。単位が必要な場合は必ず書け。

【1】 高さ $H=12$ m の壁があり，背面の土は，湿潤砂（$\gamma_t=18$ kN/m^3，$c=0$ kN/m^2，$\phi=30°$）とする（図6.15）。以下の問に答えよ。

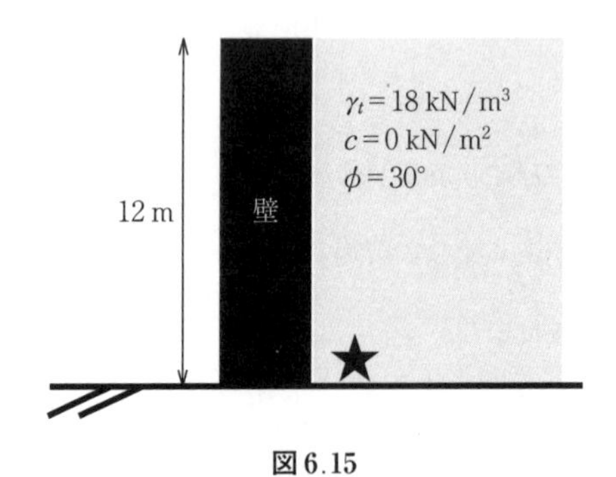

図6.15

(1) ★印の点に作用する土圧 p_a はいくらか。

(2) 壁に作用する土圧の合力 P_a はいくらか。

(3) 作用点はどこか。

［解答欄］

【2】 高さ H=12 m の壁があり，背面の土は，飽和砂（$\gamma_{sat}=20$ kN/m^3，$c=0$ kN/m^2，$\phi=30°$）とする（**図 6.16**）。以下の問に答えよ。

(1) ★印の点に作用する土圧 p_a はいくらか。

(2) 壁に作用する合力 P_a はいくらか。

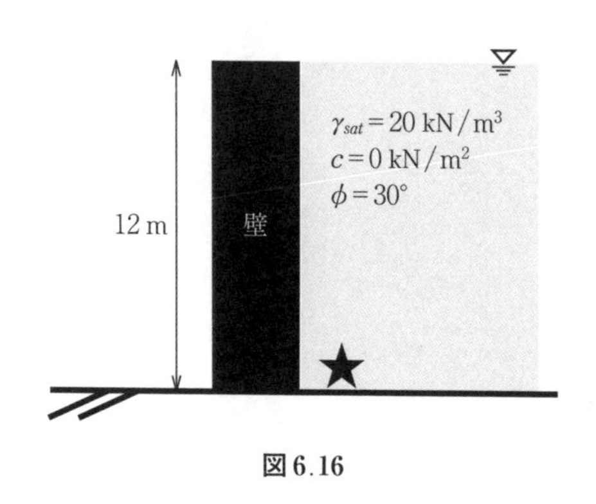

図 6.16

［解答欄］

【3】 高さ H=12 m の壁があり，背面の湿潤砂（$\gamma_t=18$ kN/m^3，$c=0$ kN/m^2，$\phi=30°$）に，上載荷重（$q=15$ kN/m^2）が作用している（**図 6.17**）。以下の問に答えよ。

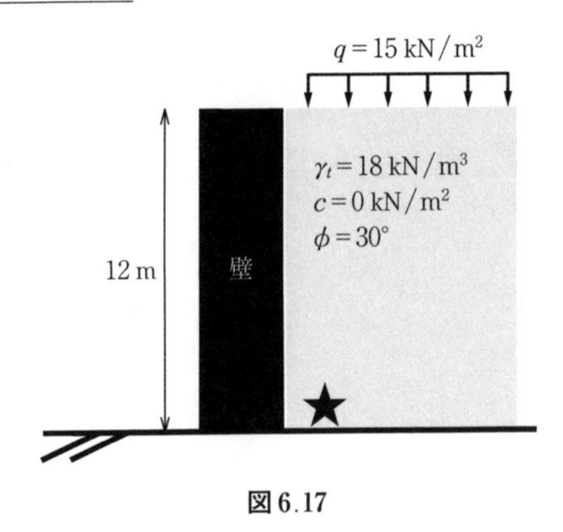

図 6.17

(1)　★印の点に作用する土圧 p_a はいくらか。

(2)　壁に作用する土圧の合力 P_a はいくらか。

【4】　高さ $H=12$ m の壁があり，背面には粘性を持つ湿潤土（$\gamma_t=18$ kN/m^3，$c=10$ kN/m^2，$\phi=30°$）がある（**図 6.18**）。以下の問に答えよ。

(1)　★印の点に作用する土圧 p_a はいくらか。

(2)　壁に作用する土圧の合力 P_a はいくらか。

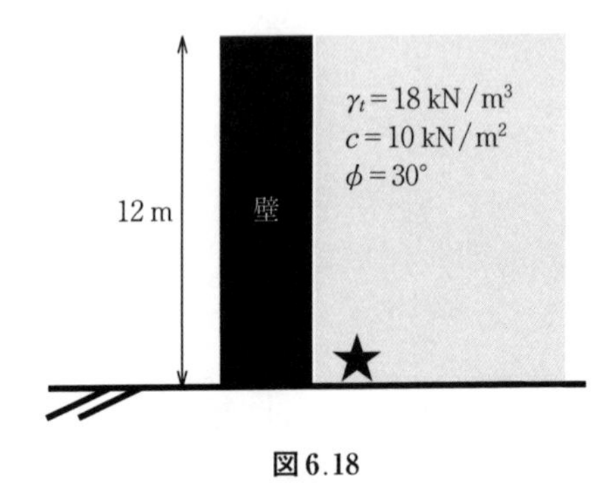

図 6.18

［解答欄］

難　　問

図6.6に示す条件の場合に，クーロン土圧とランキン土圧のそれぞれの考え方で，式(6.10)〜(6.13)を導け。

(1)　主働土圧係数

$$K_a = \tan^2\left(45° - \frac{\phi}{2}\right) \quad (6.10),\ (6.12)\ 再掲載$$

(2)　受働土圧係数

$$K_p = \tan^2\left(45° + \frac{\phi}{2}\right) \quad (6.11),\ (6.13)\ 再掲載$$

公務員試験問題

図6.19のように，水平な地表面を持つ均質な地盤を，壁体で支えながら深さH=10 mまで鉛直に掘削するとき，壁体に作用する主働土圧P_A〔kN/m〕を求めよ。ただし，地盤は地下水がなく，粘着力c=9 kN/m^2，せん断抵抗角ϕ=30°，単位体積重量γ=18 kN/m^{3}である。また，壁体に変形はなく，壁体と地盤との壁面摩擦角は無視するものとし，以下の式は利用してよい。計算の仮定も示すこと。

［東京都 平成30年度 1類A採用試験 土木］

$$\frac{1-\sin\phi}{1+\sin\phi} = \tan^2\left(45° - \frac{\phi}{2}\right)$$

$$\sqrt{3} = 1.732$$

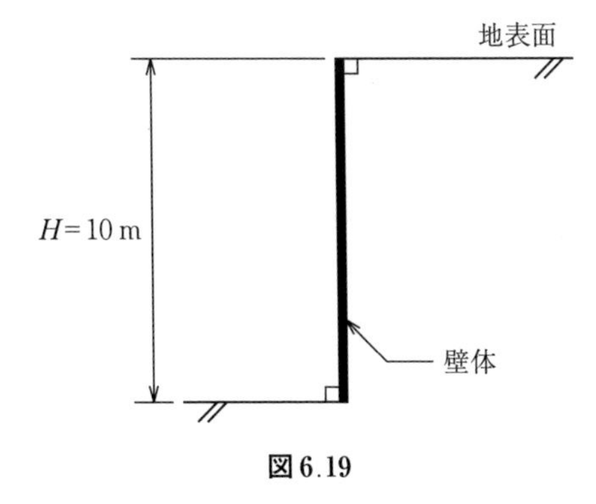

図6.19

斜　面　安　定

本章のテーマは斜面災害である。日本は山地が多く，降雨も地震も多いため，斜面災害が非常に多い。なぜ雨が降ったり，地震が起きると斜面はすべるのか。どのようにして対策すればよいのか。これまで習った知識を使って解決しよう。

7.1　崩壊する仕組み

まずは斜面がすべる仕組みを説明する。**図 7.1** の斜面はすべらず安定している。このとき，土は重力により斜面にすべろうとするも，土どうしの摩擦によって抵抗している。斜面をすべる力 F〔kN〕が，摩擦抵抗力 R〔kN〕を上回ると斜面はすべる。これをあえて式で書くと式 (7.1) となる。

$$F>R \tag{7.1}$$

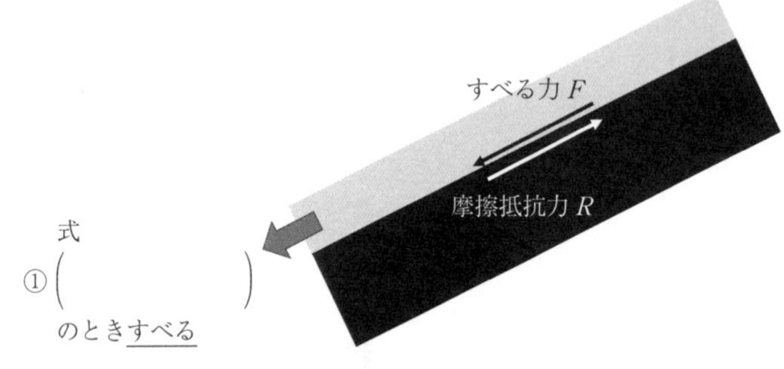

図 7.1　斜面がすべる仕組み

したがって，すべる力 F が大きくなったり，摩擦抵抗力 R が小さくなると斜面はすべる。F が大きくなる要因として「斜面の上側に構造物がつくられる」「地震が発生して慣性力が加わる」などが挙げられ，R が小さくなる原因としては「雨が降って土のせん断強度が減る」などが挙げられる。

7.2　斜面崩壊の種類

斜面崩壊の種類は，**図 7.2** のように大きく二つある。イメージはそれぞれ山の斜面（大きな

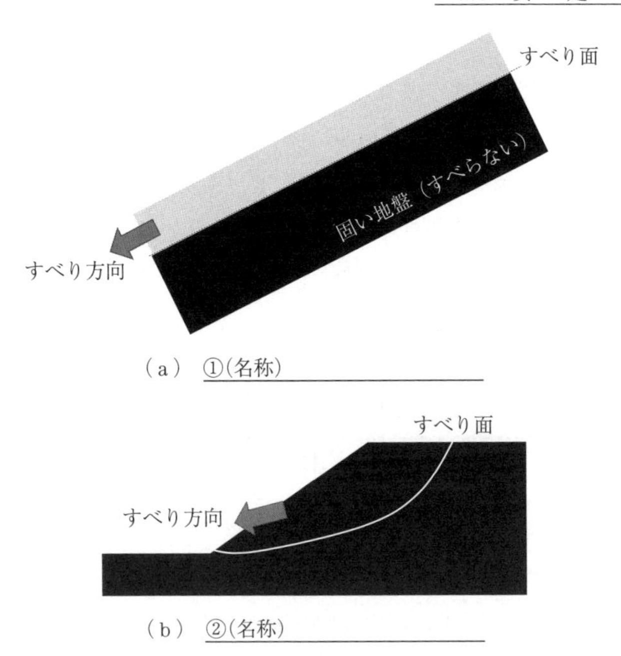

（a）①(名称)＿＿＿＿＿＿＿＿

（b）②(名称)＿＿＿＿＿＿＿＿

図7.2　斜面崩壊の種類

規模）と川の盛土（小さな規模）だ。山のような，長大かつ一様な深さの斜面がすべることを，**平面すべり**と呼ぶ。一方，盛土等では部分的かつ円弧状に斜面がすべり，これを**円弧すべり**と呼ぶ。なお，両者において，すべりが生じる面を**すべり面**という。

7.3 安　定　計　算

斜面がすべるかどうかを考える計算を**安定計算**という。重要なのは7.3.3項である。いろいろと書くが，実際に問題を解くと，案外難しくないというのがわかるだろう。

7.3.1 安　全　率

斜面が安定しているか否かを判断する指標として**安全率** F_s（式(7.2)）がある。

$$F_s = \frac{R}{F} \tag{7.2}$$

ここで，F：すべる力〔kN〕，R：摩擦抵抗力〔kN〕である。この式の意味は，F_sは1より大きいと安定，1より小さいとすべる，ということだ。ここでぎりぎり$F_s=1$を狙って構造物をつくるのは危険だろう。少し手元が狂えば$F_s<1$となってしまうかもしれない。そこで実際の工事では，安全を考慮して$F_s \geqq 1.2$となるように設計する。

7.3.2　高校物理の復習

斜面の話に入る前に，高校物理の復習をしよう。**図7.3** のように重量 W〔kN〕の物体がある。さてこの物体を横から F〔kN〕の力で引っ張ろう。F が小さいと物体はなかなか動かない。床との間の摩擦抵抗力 R〔kN〕による抵抗を受けるからだ。R の正体は，物体が床に押し付けられる力 W（ここでは重量と同じ）に静止摩擦係数 μ を掛けたもので $R=\mu W$ である。さて物体を動かすには，$F>R$ となる必要があるので，式 (7.3) が得られる。

$$F>\mu W \tag{7.3}$$

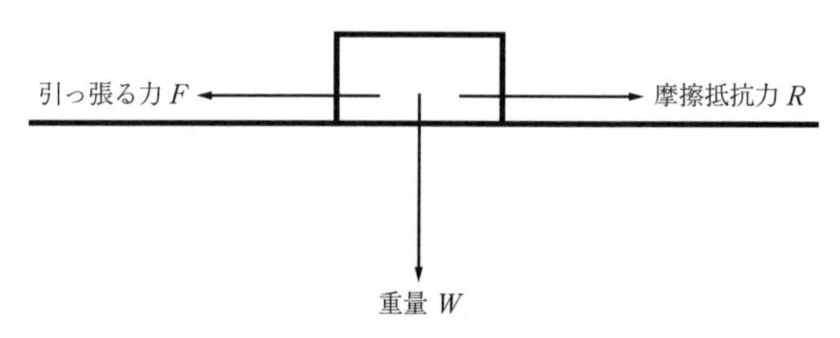

図7.3　物体の動く条件（平面）

話を進めよう。**図7.4** のように，角度 θ の面の上に，重量 W〔kN〕の物体がある。さてこの物体がすべる条件はなんだろうか。面が傾いているので，人間が引っ張る必要はなく，代わりに重力が引っ張ってくれる。重量 W は真下に作用するので，方向を調整しよう。F は物体が重力に引っ張られて斜面をすべる力，R は摩擦抵抗力であり，これらを求めないといけない。理由は後ほど説明するが，結論をいうと，すべる力 F は式 (7.4)，摩擦抵抗力 R は式 (7.5) で得られる。

$$F=W\sin\theta \tag{7.4}$$

$$R=\mu W\cos\theta \tag{7.5}$$

すると安全率 F_s は式 (7.6) となり，すべる条件は式 (7.7) である。ここでは sin を cos で割ると tan になることを利用している。

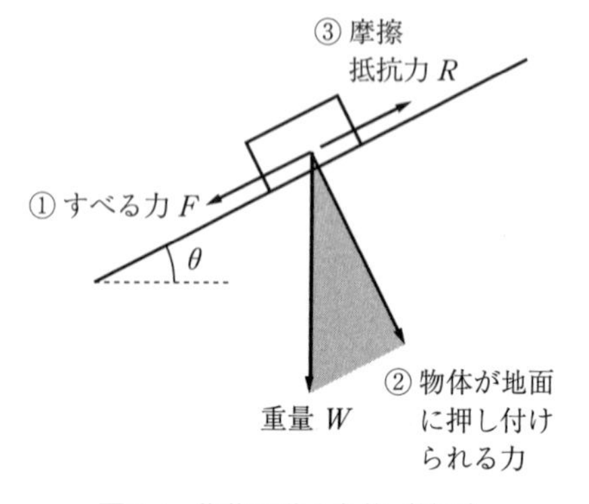

図7.4　物体の動く条件（斜面）

$$F_s = \frac{\tan\theta}{\mu} \tag{7.6}$$

$$\mu < \tan\theta \tag{7.7}$$

なぜこのようになったのかを説明する。**図 7.5** は三角関数の定義だ。右下に直角を置くのがポイントである。後は，辺の長さの割り算で，どの辺をどの辺で割るかによって，sin，cos，tan が決まる。図 7.5（b）は，図（a）の全部の辺を a で割って三角形を縮小した。これは斜めの辺を 1 にしたいためで，するとほかの辺は b/a, c/a となる。$\sin\theta = c/a$，$\cos\theta = b/a$ だったので，図（c）のように書き換えられる。さらに三角形を W 倍すると図（d）が得られる。最後に，この三角形を裏返して回転させると，図（e）が得られる。この三角形が，図 7.4 の網掛けのところにはまるので，F は式 (7.4) となる。また R は，地面に押し付けられる力に μ を掛けることで式 (7.5) となる。さらに，sin を cos で割ると tan になることに注意しながら $F_s = R/F$ を計算すると，式 (7.6) が得られる。最後に，すべる条件は $F > R$ なので，式 (7.7) が得られる。

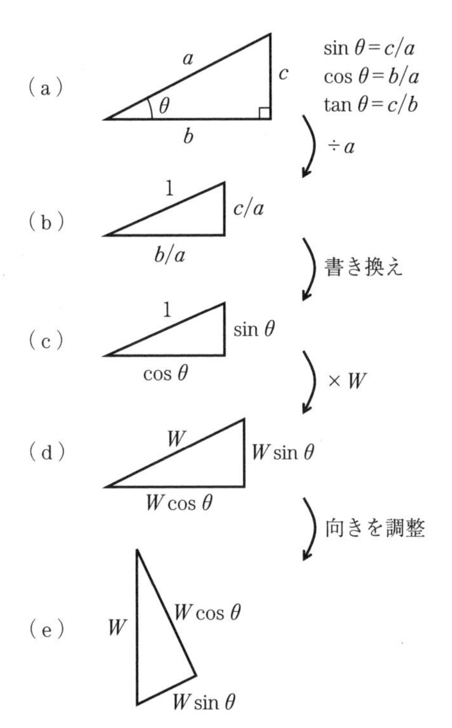

図 7.5　三角関数 (sin, cos, tan) の利用

7.3.3　安定計算の方法

安定計算の方法を説明する。どのような条件であれば，平面すべり・円弧すべりが発生するのか。ここでは砂に絞って話を進める。

〔1〕　平面すべり　　**図 7.6**（a）は平面すべりの模式図である。硬い岩盤の斜面上（角度 θ）に，すべり対象となる砂（粘着力 $c = 0\ \mathrm{kN/m^2}$，内部摩擦角 ϕ，湿潤単位体積重量 γ_t〔$\mathrm{kN/m^3}$〕，鉛直の厚さ H〔m〕）がある。この斜面がすべる条件を考えてみる。

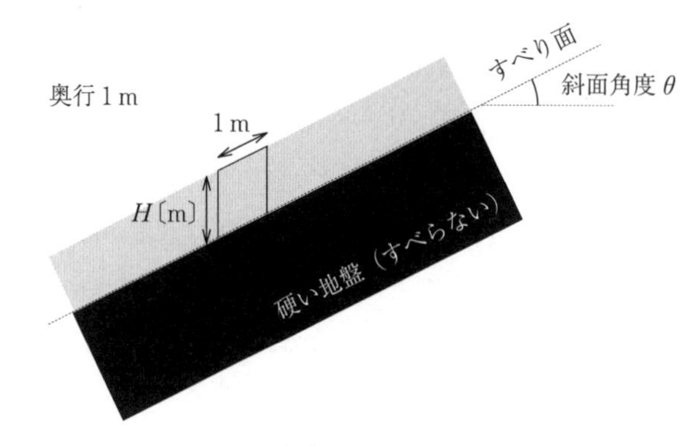

（a） 斜面の図

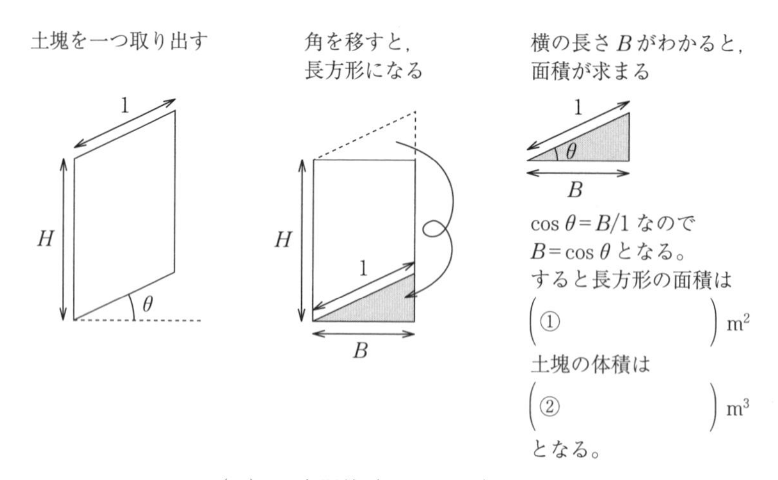

（b） 三角関数（sin, cos, tan）の利用

図7.6　安定計算（平面すべり）

平面すべりで考えるような斜面は非常に長いため，どこかで区切ったほうが考えやすい。どこでもいいのだが，図7.6（a）のように1 mの幅で区切ろう。斜面に沿う方向だけでなく，奥行方向にも1 mで区切っている。隣接するすべての土塊も同じ動きをするため，この一つの土塊のみ考えればよい。

土塊には斜面に沿ってすべる向きに，すべる力 F が作用しており，それに抵抗する方向に摩擦抵抗力 R が作用している。$F > R$ のとき土塊はすべり出す。F と R の正体を探ってみよう。

図7.6（b）より，太線の土塊の面積は $H\cos\theta$〔m^2〕なので，奥行1 mを掛けると，体積は $H\cos\theta$〔m^3〕になる。湿潤単位体積重量 γ_t〔$\mathrm{kN/m^3}$〕は，$1\,\mathrm{m}^3$ の重量が γ_t〔kN〕という意味なので，図（b）より土塊の重量は $\gamma_t H\cos\theta$〔kN〕である。これが式(7.4)〜(7.7)の W に相当する。すると，すべる力 F は式(7.8)，摩擦抵抗力 R は式(7.9)，安全率 F_s は式(7.10)，すべる条件は式(7.11)となる。ここで，$\mu = \tan\phi$（図5.3（d）に記載）や，$\tan\phi < \tan\theta$ ならば $\phi < \theta$ であることを利用した。

$$F = \gamma_t H\cos\theta\sin\theta \tag{7.8}$$

$$R = \gamma_t H \cos^2\theta \tan\phi \tag{7.9}$$

$$F_s = \frac{\tan\theta}{\tan\phi} \tag{7.10}$$

$$\phi < \theta \tag{7.11}$$

〔2〕 **円弧すべり**　　つぎに円弧すべりの場合を説明する。**図7.7**（a）は円弧すべりの模式図である。砂からなる盛土（粘着力 $c = 0\ \mathrm{kN/m^2}$，内部摩擦角 ϕ，湿潤単位体積重量 γ_t〔$\mathrm{kN/m^3}$〕）の一部が円弧状にすべるとする。この盛土の安全率を考えてみよう。

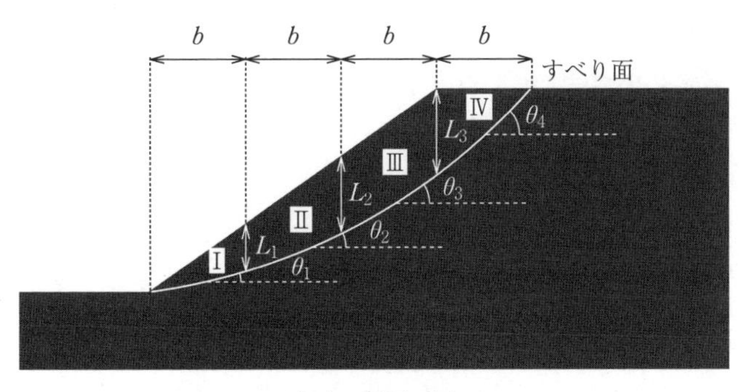

（a） 斜面の図

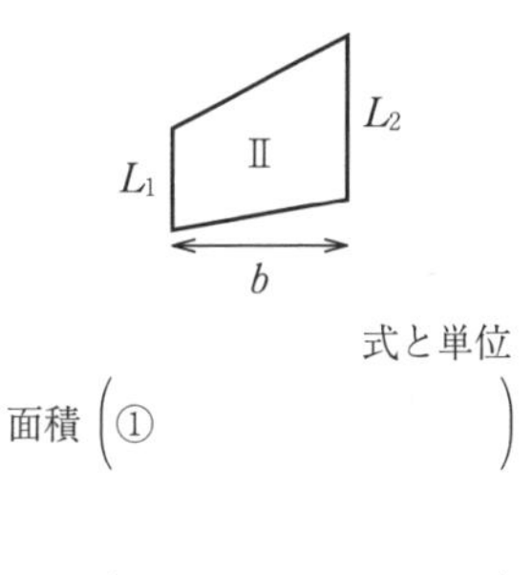

（b） 土塊の一つ（ここでは左から2番目）に注目

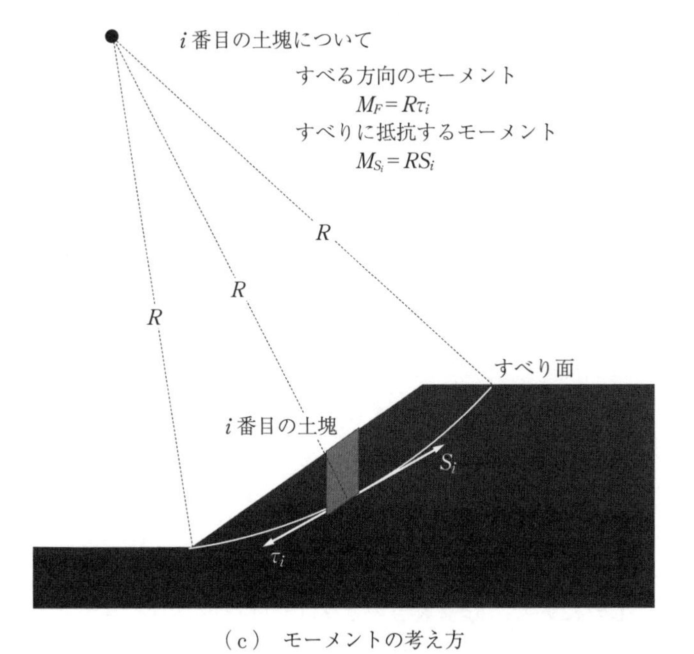

（c） モーメントの考え方

図7.7　安定計算（円弧すべり）

円弧すべりの場合，方眼紙を使わなければいけない。方眼紙に盛土を描いて，コンパスを使って盛土を横切るように円弧を描く。この段階では，この円は適当に描いて構わない。盛土内に円弧ができたら，これを縦方向に分割する。分割数に決まりはないが，ここでは4分割し，左からⅠ・Ⅱ・Ⅲ・Ⅳと名前を付ける。すると，図7.7（a）のような寸法が得られたとしよう。

まずは，これら土塊の重量を計算したい。重量を出すには体積が必要で，そのためには面積が必要だ。両端の土塊は三角形で，それ以外は台形(を横にした形)と見なせる。例えば，図7.7（b）のように，左から2番目の土塊Ⅱを考えると，「台形の面積＝（上底＋下底）×高さ÷2」なので，面積 $(L_1+L_2)b/2$〔$\mathrm{m^2}$〕が得られる。この土塊は奥行方向に1m続くと仮定すると，体積 $(L_1+L_2)b/2$〔$\mathrm{m^3}$〕が得られる。土塊Ⅱの重量を W_2 と名付けると，この体積に単位体積重量 γ_t〔$\mathrm{kN/m^3}$〕を掛けることで，$W_2=\gamma_t(L_1+L_2)b/2$〔kN〕が得られる。これが式(7.4)，(7.5)の W に相当する。すると，すべる力 F_2 は式(7.12)，摩擦抵抗力 R_2 は式(7.13)となる。2番目の土塊Ⅱについての話なので，添え字2をつけておいた。

$$F_2=\gamma_t H\cos\theta_2\sin\theta_2 \tag{7.12}$$

$$R_2=\gamma_t H\cos^2\theta_2\tan\phi \tag{7.13}$$

これまでの話は土塊Ⅱだけなので，土塊Ⅰ～Ⅳまですべて足してみよう。すべる力 F は式(7.14)，摩擦抵抗力 R は式(7.15)，安全率 F_s は式(7.16)である。すべての土塊がすべる条件は，F と R をそれぞれ計算して $F>R$ となるときである。

$$F=\gamma_t H(\cos\theta_1\sin\theta_1+\cos\theta_2\sin\theta_2+\cos\theta_3\sin\theta_3+\cos\theta_4\sin\theta_4+\cos\theta_5\sin\theta_5) \tag{7.14}$$

$$R=\gamma_t H\tan\phi(\cos^2\theta_1+\cos^2\theta_2+\cos^2\theta_3+\cos^2\theta_4+\cos^2\theta_5) \tag{7.15}$$

$$F_s=\frac{\tan\phi(\cos^2\theta_1+\cos^2\theta_2+\cos^2\theta_3+\cos^2\theta_4+\cos^2\theta_5)}{\cos\theta_1\sin\theta_1+\cos\theta_2\sin\theta_2+\cos\theta_3\sin\theta_3+\cos\theta_4\sin\theta_4+\cos\theta_5\sin\theta_5} \tag{7.16}$$

〔3〕 補足説明★　これまでの説明で省略したところを補足しよう。

・斜面が砂ではなく，土の場合は？

土の場合，粘着力 c がゼロではないので，これも考慮しないといけない。結論を書くと，平面すべりの安全率は式(7.17)，円弧すべりの安全率は式(7.18)のような式になる。見た目は複雑な式だが，$c=0$ とすると砂のときの条件である式(7.10)や式(7.16)と同じになる。

$$F_s=\frac{c+\gamma_t z\cos^2\theta\tan\phi}{\gamma_t z\cos\theta\sin\theta} \tag{7.17}$$

$$F_s=\frac{\Sigma(cl_i+W_i\cos\theta_i\tan\phi)}{\Sigma W_i\sin\theta_i} \tag{7.18}$$

・円の形や分割数に決まりはあるのか？（円弧すべり）

図7.7（a）を見ると，円弧すべり面の形や，分割数が決まったという前提で図が描かれている。しかし，ほかの面ですべるかもしれないし，分割数が4でなければならないという決まりもない。実は円弧すべりの計算は，繰り返し複数回行うのだ。まずは適当なすべり面・分割数で計算をやってみて，そして2回目，3回目と，円の形状や分割数を変えながら計算する。例えば，1回目の計算の結果 $F_s=0.9$ が得られ，その後，2回目では $F_s=0.7$，3回目では $F_s=0.8$ となった場合，この盛土の安全率は一番厳しい $F_s=0.7$ が採用される。なお，このような繰り返し計算はコンピューターで計算することが一般的で，試験で求められることはないだろう。

とはいえ，上記の一連の流れは知っておかないといけない。

・土塊の力を単純に足してよいのか？（円弧すべり）

五つの土塊の力はそれぞれ向きが異なるため，単純に足してはいけない。じつは，ここではモーメント安全率という考え方を導入しており，式 (7.19) で表される。モーメントとは「力×距離」である。

$$F_s = \frac{M_S}{M_F} \tag{7.19}$$

ここで，M_F：すべる方向のモーメント〔kN·m〕，M_S：すべりに抵抗するモーメント〔kN·m〕である。

図 7.7（c）を見てみよう。いずれの土塊においても，モーメント中心から土塊に作用する力までの距離は R である。$M_F = \Sigma R \times (W_i \sin\theta_i)$，$M_S = \Sigma R \times (c + (W_i \cos\theta_i)\tan\phi)$ なので，モーメント安全率を考えるとけっきょく R が消去され，式 (7.12) で問題ないことがわかる。

7.4 斜面対策工

斜面の安全率を計算して F_s が 1.2 より小さくなった場合，なんらかの手を打たないといけない。これを**斜面対策工**という。おもに，① 形を変えてしまう，② 力で抑え込む，③ 水を逃がしてやる，の三つの手段がある。

①では，**押え盛土**が有名で，その名のとおり，盛土に対して施される（山地などの自然斜面にはあまりなされない）。盛土の側面に土を増量することで，見た目にも安定感が増したことがわかるだろう。材料が土なので，安く済むのが魅力的だ。一方で場所をとるので，施設や民家が近くにあると適用できない。（**図 7.8**（a））

②では，**擁壁**や**斜面補強杭**がある。擁壁は，土がすべってこないように，斜面の下側につく

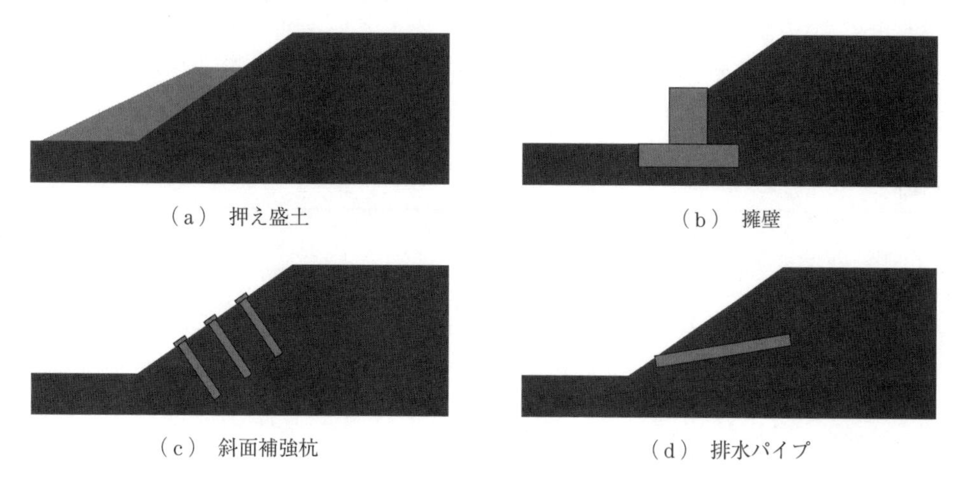

（a） 押え盛土　（b） 擁壁　（c） 斜面補強杭　（d） 排水パイプ

図 7.8　斜面対策工

られた防御壁である。斜面補強杭では，斜面に対して，小型の杭を一定の間隔で打ち込む。ちょうど，土をピン留めするイメージだ。いずれもコンクリートや鉄といった強い材料で，土を抑え込もうという狙いである。(図7.8（b），（c）)

③は，**排水パイプ**を設置して，斜面内部の水を外に逃がしてやる工法である。雨により，斜面の内部に水がたまると，間隙水圧が上昇する。有効応力の原理（式(3.1)）より，全応力σは一定なので，間隙水圧uが大きくなると，有効応力σ'が小さくならないとつじつまが合わない。有効応力が小さくなるということは，土のかみ合いが外れて，斜面が崩壊しやすくなる。そうならないように，水を逃がしてやらないといけないのだ。(図（d）)

章 末 問 題

復 習 問 題

以下の空欄を埋めよ。特に指示がない場合は語句を書け（／で語句を並べているところはその中から選択せよ）。

【1】 斜面崩壊は（①すべる方向のせん断応力／土のせん断強度）が（②すべる方向のせん断応力／土のせん断強度）を上回ることで発生する。よって，①が大きくなるか，②が小さくなること，斜面は危険な状態となる。①が大きくなる原因として（③）があり，②が小さくなる原因として（④）がある。

【2】 斜面崩壊の種類として，山地など長大な斜面では（①）となることが多く，盛土などでは（②）が発生しやすい。①と②ではそれぞれ斜面安定の計算方法が異なる。

【3】 斜面の安定性を見る指標として，土のせん断強度を，すべる方向のせん断応力で割った（① 語句と記号）がある。①が1を上回ると斜面は（② 安定／崩壊）し，1を下回ると斜面は（③ 安定／崩壊）する。①がちょうど1だと，ぎりぎりで怖いので，実際の工事では余裕を見て，①が（④ 値）となるよう設計する。

【4】 平面すべりにおいて地盤が砂のとき，すべりが発生する条件は，斜面の傾斜角度θが砂の内部摩擦角ϕに比べ（① 大きい／小さい）場合である。

【5】 斜面を対策する工法を（①）という。①にはおもに「形を変えてしまう」「力で抑え込む」「水を逃がす」手段が挙げられ，それぞれの代表として，（②），（③），（④）といった工法がある。

［**解答欄**］

【1】	①	②	③	④
【2】	①	②		
【3】	①	②	③	④
【4】	①			
【5】	①	②	③	④

基 本 問 題

以下の問に答えよ。単位が必要な場合は必ず書け。

【1】 **図 7.9** の砂の斜面が安定しているか否かについて，つぎの順序で考える。砂の粘着力 $c = 0\ \mathrm{kN/m^2}$，内部摩擦角 $\phi = 30°$，湿潤単位体積重量 $\gamma_t = 18\ \mathrm{kN/m^3}$ とする。

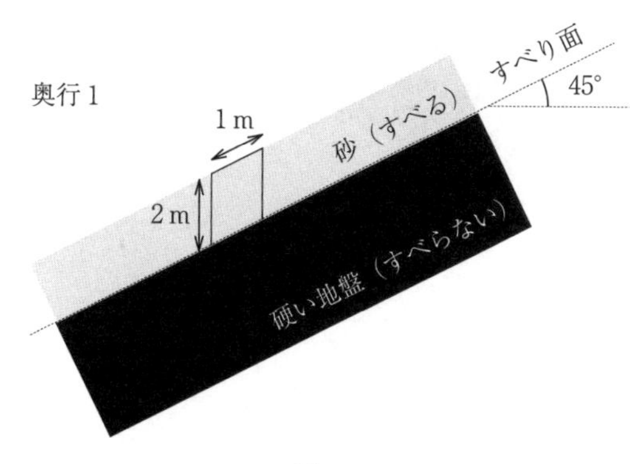

図 7.9

黒枠内の土塊について，以下の問に答えよ。

(1)　砂の面積 A を求めよ。

(2)　体積 V を求めよ。

(3)　重量 W を求めよ。

(4)　すべる力 F を求めよ。

(5)　摩擦抵抗力 R を求めよ。

(6)　安全率 F_s を求めよ。

(7)　この土塊は安定しているか，それともすべるか。

［解答欄］

【2】 **図 7.10** の斜面について，以下の問に答えよ。

(1)　この斜面はすべるか。まずは計算せずに推定せよ。

(2)　安全率を計算し，(1) の答えを確認せよ。

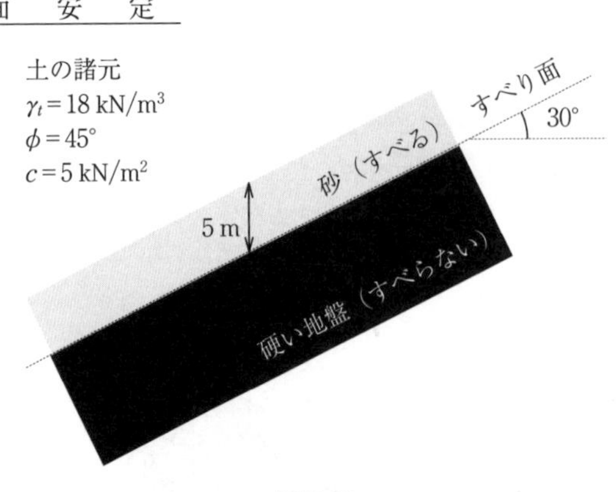

図 7.10

［解答欄］

【3】 図 7.11 のような砂の盛土について，すべり面に対する安定を考える。以下の問に答えよ。

(1) 表 7.1 の空欄①～⑰を埋めよ。奥行は 1 m と考えてよい。

(2) 盛土は，このすべり面に対してすべるか。（　　　　　　　　　　）

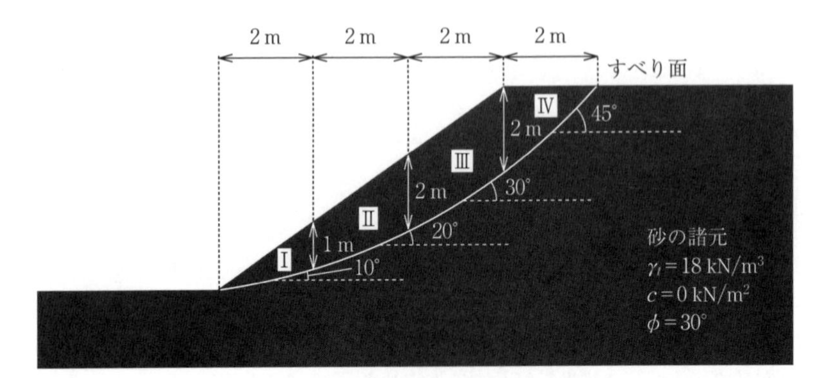

図 7.11

表 7.1

	記号	単位	土塊			
			I	II	III	IV
面積	A	①	1	3	⑦	2
体積	V	②	1	3	⑧	2
重量	W	③	18	54	⑨	36
角度	θ	〔°〕	10	20	⑩	45
$\sin\theta$			0.17	0.34	⑪	0.71
$\cos\theta$			0.98	0.94	⑫	0.70
すべる力	F	④	3.14	18.56	⑬	25.56
その和			⑭			
摩擦抵抗力	R	⑤	17.72	50.71	⑮	25.35
その和			⑯			
安全率	F_s	⑥	⑰			

難　問

すべりに対する安全率が以下になることを示せ。

(1)　平面すべり

$$F_s = \frac{c + \gamma_t z \cos^2\theta \tan\phi}{\gamma_t z \cos\theta \sin\theta} \tag{7.17}$$

(7.17) 再掲載

(2)　円弧すべり

$$F_s = \frac{\Sigma(cl_i + W_i \cos\theta_i \tan\phi)}{\Sigma W_i \sin\theta_i} \tag{7.18}$$

(7.18) 再掲載

公務員試験問題

図 7.12 のような，傾斜角 $\beta=45°$ の長い斜面があり，地表面から斜面に平行なすべり面までの深さ $H=2$ m であるときの安全率を求め，斜面の安定性を判定せよ。ただし，斜面の土は均質で地下水がなく，粘着力 $c=9$ kN/m^2，せん断抵抗角 $\phi=30°$，単位体積重量 $\gamma_t=18$ kN/m^3, $\sqrt{3}=1.73$ とする。［東京都 平成 30 年度 1 類 B（一般方式）採用試験 技術（土木）］

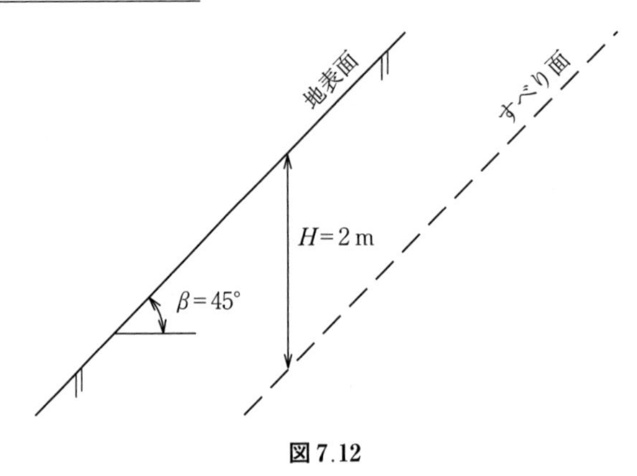

図 7.12

8 支　持　力

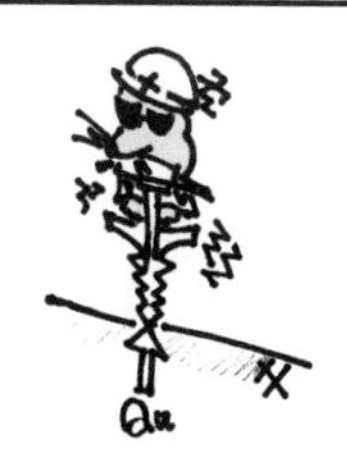

構造物を支えるには基礎が必要である。**図 8.1** のように，地面にちょこんと置いているだけというのは基本的にありえない。基礎が構造物を支える力を支持力と呼ぶ。上につくる構造物が安定するには，あらかじめ基礎の支持力を計算しておかなくてはならない。本章では，縁の下の力持ち，基礎の支持力について学ぼう。

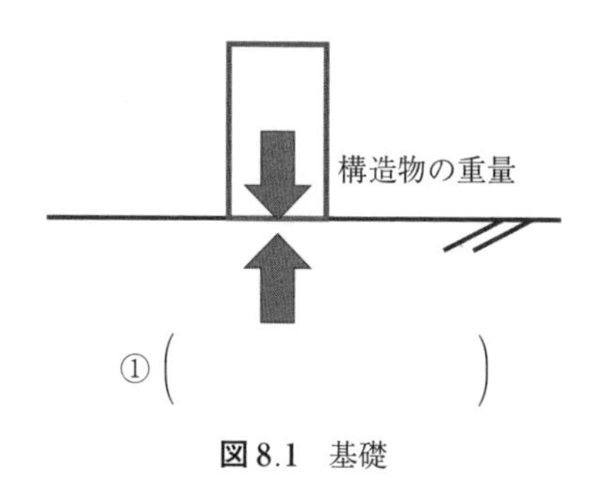

図 8.1　基礎

8.1 基 礎 の 種 類

基礎の種類を**図 8.2** に示す。基礎は**浅い基礎**と**深い基礎**に大別される。基礎幅 B と根入れ深さ D_f の関係が，$B \geqq D_f$ だと浅い基礎，$B < D_f$ だと深い基礎と呼ぶ。

浅い基礎の代表は，**べた基礎**と**フーチング基礎**である。浅い基礎は，比較的地盤がしっかりしている場合に使われる。住宅など建物が軽い場合，べた基礎が使われ，高速道路の柱などの重量物にはフーチング基礎が採用されることが多い。

深い基礎の代表は，**杭基礎**と**ケーソン基礎**である。地盤が弱い場合，基礎を硬い層まで深く根入れする必要があるため，深い基礎となる。総じて，深い基礎は浅い基礎に比べ施工が大変で，材料費もかさむ。

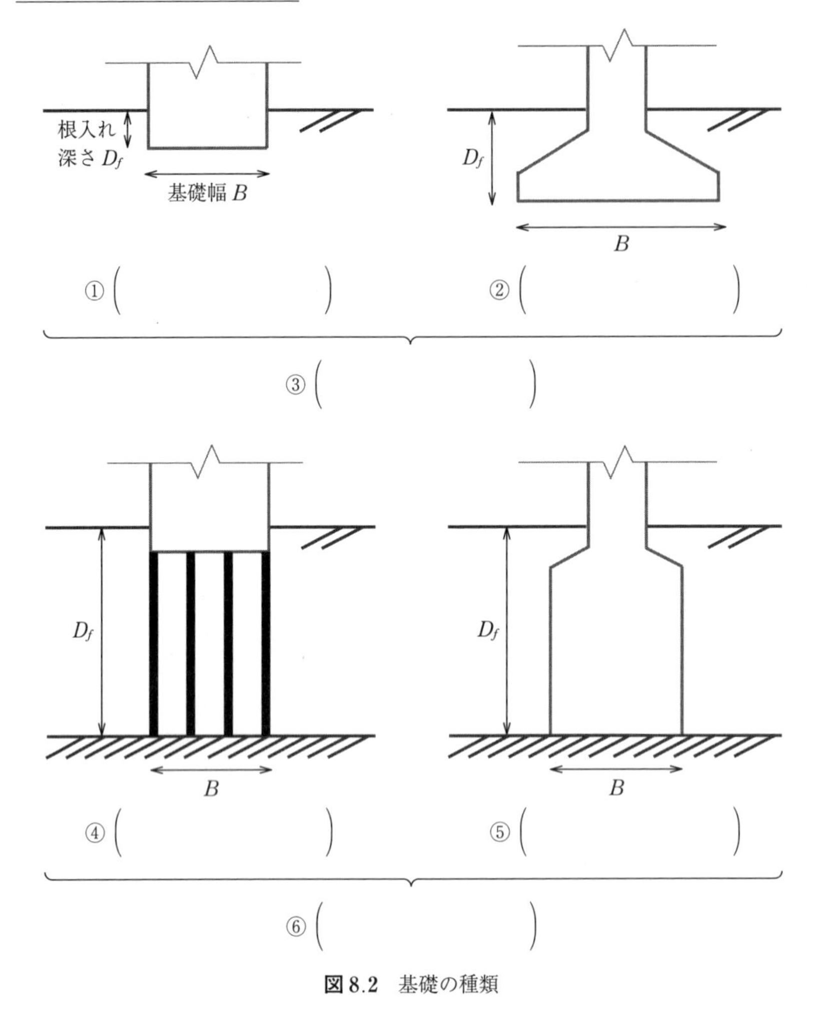

図 8.2　基礎の種類

8.2　支持力の計算

8.2.1　極限支持力と許容支持力

基礎が構造物の重量を支える力を**支持力**と呼び，支持力には**極限支持力**と**許容支持力**がある。基礎が支持できる限界ぎりぎりの力を極限支持力といい q_u という記号を使う。ただし，q_u ぎりぎりを狙うのは怖いので，設計の際は，安全率 F_s で割った許容支持力（記号は q_a）を目安にする。改めて書くと式 (8.1) の関係になる。支持力の分野では $F_s=3$ の場合が多く，本書では 3 で統一する。

$$q_a=\frac{1}{3}q_u \tag{8.1}$$

8.2.2 支持力公式

支持力を算出する公式（**支持力公式**）を説明する。なぜこうなるかは次項で説明するが，結構ややこしいので，丸暗記するのも手だろう。

〔1〕 **浅い基礎**　浅い基礎の極限支持力q_uは式 (8.2)，許容支持力q_aは式 (8.3) により求まる。

$$q_u = \alpha c N_c + \gamma_1 D_f N_q + \beta \gamma_2 B N_\gamma \tag{8.2}$$

$$q_a = \frac{1}{3}(\alpha c N_c + \gamma_1 D_f N_q^* + \beta \gamma_2 B N_\gamma) \tag{8.3}$$

ここで，c：基礎底面より下にある土の粘着力〔kN/m^2〕，γ_1：基礎底面より上にある土の有効単位体積重量〔kN/m^3〕，γ_2：基礎底面より下にある土の有効単位体積重量〔kN/m^3〕，B：基礎底面の最小幅〔m〕，D_f：基礎の根入れ深さ〔m〕，α，β：基礎底面の形状による係数（形状係数），N_c，N_q，N_γ：支持力係数である。

数字を当てはめれば答えは出るのだが，いくつか注意点がある。

・q_u は極限支持“力”といいながら，力の単位〔kN〕ではなく，圧力や応力の単位〔kN/m^2〕である。これは浅い基礎では，奥行方向に長いことが多く，どこかで区切ったほうが計算しやすいためだ。

・α や β は基礎底面の形状によって変わる係数であり，**表 8.1** から決定すればよい。N_c, N_q, N_γ は支持力係数と呼ばれ，**表 8.2** に示すように内部摩擦角と関係する値である。なお，表 8.1

表 8.1　形状係数 α，β

形状係数	基礎底面の形状			
	連続	正方形	長方形	円形
α	1.0	1.3	1.0+0.3(B/L)	1.3
β	0.5	0.4	0.5−0.1(B/L)	0.3

B：長辺，L：短辺

表 8.2　支持力係数 N_c，N_q，N_γ

ϕ〔°〕	N_c	N_q	N_γ	N_q^*
0	5.3	1.0	0.0	3.0
5	5.3	1.4	0.0	3.4
10	5.3	1.9	0.0	3.9
15	6.5	2.7	1.2	4.7
20	7.9	3.9	2.0	5.9
25	9.9	5.6	3.3	7.6
28	11.4	7.1	4.4	9.1
32	20.9	14.1	10.6	16.1
36	42.2	31.6	30.5	33.6
40 以上	95.7	81.2	114.0	83.2

や表 8.2 の値を覚える必要はない。

・γ_1，γ_2 は“有効”単位体積重量（1.6.1 項を参照）なので，地下水がある場合，水の影響（水の単位体積重量 $\gamma_w = 9.8\ \mathrm{kN/m^3}$）を差し引かなければならない。地下水がなければ，そのままの値でよい。

・極限支持力 q_u（浅い基礎）のときは N_q を用いて，許容支持力 q_a（浅い基礎）のとき N_q^* を使う。$N_q^* = N_q + 2$ の関係にある。

〔2〕 **深い基礎**　ここでは深い基礎の中でも，特に「杭基礎」の話をする。杭の極限支持力 Q_u，許容支持力 Q_a はそれぞれ式 (8.4)，(8.5) で表される。

$$Q_u = Q_p + Q_f \tag{8.4}$$

$$Q_a = \frac{1}{3}(Q_p + Q_f) \tag{8.5}$$

式 (8.4) の意味は，**図 8.3** で見たほうがわかりやすい。杭の極限支持力 Q_u は，杭の先端支持力 Q_p と杭の周面摩擦力 Q_f を足し合わせたものとなる。式 (8.5) は，杭の許容支持力 Q_a は極限支持力 Q_u を安全率 3 で割ったものだ。

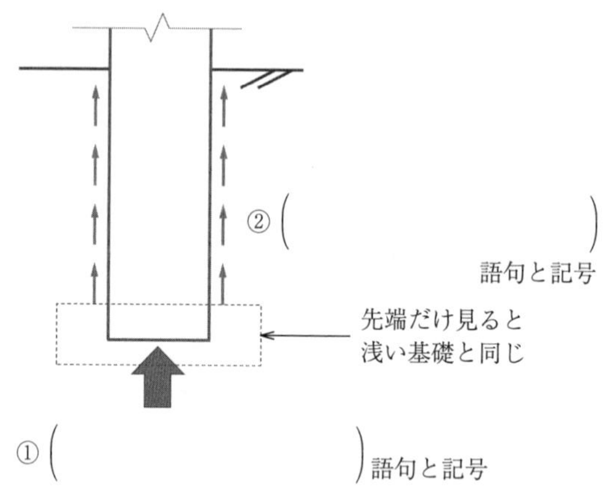

図 8.3　深い基礎

先端支持力 Q_p は，浅い基礎の公式から式 (8.6) が得られる。

$$Q_p = A_p(1.3cN_c + \gamma_1 D_f N_q + 0.3\gamma_2 B N_\gamma) \tag{8.6}$$

ここで，c：杭先端より下にある土の粘着力〔$\mathrm{kN/m^2}$〕，γ_1：杭先端より上にある土の有効単位体積重量〔$\mathrm{kN/m^3}$〕，γ_2：杭先端より下にある土の有効単位体積重量〔$\mathrm{kN/m^3}$〕，B：杭の直径〔m〕，D_f：杭の根入れ深さ〔m〕，N_c，N_q，N_γ：支持力係数である。先端だけ（例えば破線で囲んだ部分）で見ると，ものすごく短い杭になるので，浅い基礎と同じだろう，という理解でよい。杭は円形であるため表 8.1 の $\alpha = 1.3, \beta = 0.3$ がすでに考慮されている。また，1 本当りの支持力にするために杭先端の断面積 A_p を掛けておく。

周面摩擦力 Q_f は，式 (8.7) により得られる。

$$Q_f = A_f f \tag{8.7}$$

ここで，fは地盤の種類によって異なり，地盤が粘土のとき式 (8.8)，砂のとき式 (8.9) となる。

$$粘土：f = \frac{1}{2} Ng \tag{8.8}$$

$$砂：f = \frac{1}{5} Ng \tag{8.9}$$

最後に，杭先端の面積 A_p，杭周面の面積 A_f を確認しておこう。**図 8.4** は，杭の底面と周面を取り出したものである。円の面積は「半径×半径×π(=3.14)」，周の長さは「直径×π(=3.14)」なので，杭先端の面積 A_p は式 (8.10)，周面の面積 A_f は式 (8.11) となる。g は重力加速度 9.8 m/s^2 だ。

$$A_p = \frac{\pi B^2}{4} \tag{8.10}$$

$$A_f = \pi B D_f \tag{8.11}$$

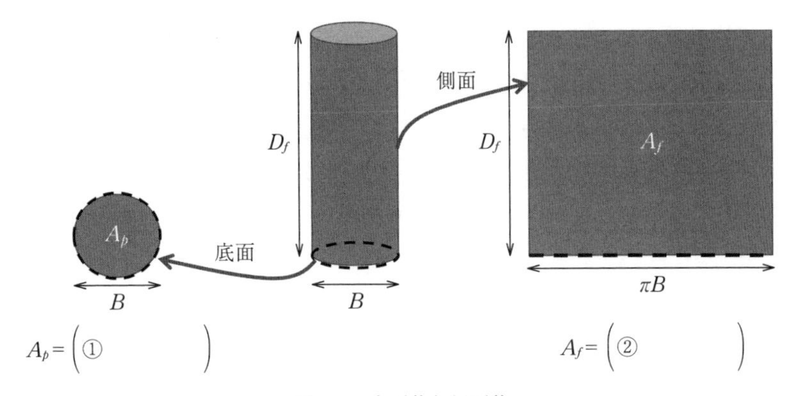

図 8.4　底面積と側面積

8.2.3　テルツアギーの支持力理論★

ここでは支持力公式の意味を説明する。土質力学の父テルツアギーはここにも登場する。彼は支持力理論（**テルツアギーの支持力理論**）を提唱し，浅い基礎に関する極限支持力の式 (8.2) を導いた。なお，これは理論といっても 100 %正しいわけではなく，このように考えるとまぁまぁ上手くいくといったニュアンスで捉えてほしい。

浅い基礎を上からギュウと抑えると，地盤の破壊にともない，基礎が地面にめり込む。テルツアギーはこの現象を精緻に観察した。そして，**図 8.5** に示すように「地盤の破壊する箇所は，だいたい決まっているのではないか」という考えに至った。逆にいうと，該当箇所以外では地盤は破壊しない。それらが図に示すゾーンⅠ，Ⅱ，Ⅲである。Ⅰ，Ⅱ，Ⅲの境界面でのみ，せん断破壊が生じ，境界面以外ではせん断破壊しない。

例えるなら，Ⅰ，Ⅱ，Ⅲの形をした積み木のようなものである。最初は，ずれないように図 8.5 の状態にセットする。つぎにⅠの上から下向きに力を加える。各ゾーンはたがいに支え合っているので，弱く押さえただけでは動かない。しかし徐々に力を加えると，いずれⅠ，

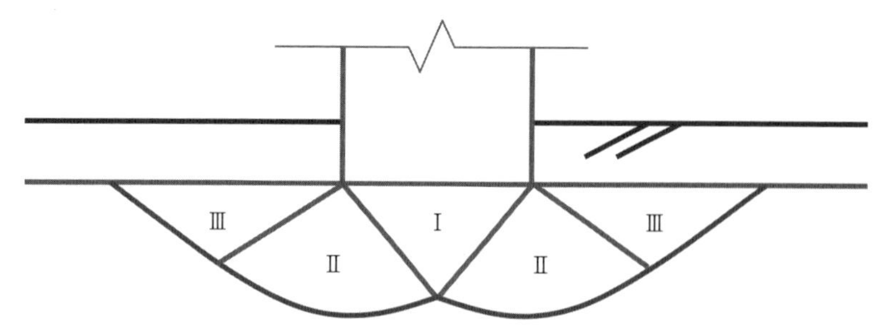

図 8.5　テルツアギーの支持力理論

Ⅱ，Ⅲの境界面でずれが生じる。これがテルツアギーの考える地盤の破壊であり，ずれ始めたときに押している力が極限支持力である。

この積み木の例えを用いて，式の意味を簡単に説明しよう。αcN_c は粘着力に関する項である。粘着力が大きいほど，積み木どうしはよく引っ付く。$\gamma_1 D_f N_q$ は基礎周囲の上載荷重に関する項である。基礎は地中にあるため，図 8.5 のゾーンⅢには上から土の重量が作用している。積み木のずれを抑える方向の力なので，この値が大きいほど積み木はずれにくい。$\beta\gamma_2 BN_\gamma$ はⅠ，Ⅱ，Ⅲの境界の摩擦に関する項である。摩擦が大きいほうが積み木はずれにくい。以上のことから，いずれの項も値が大きいほど積み木はずれにくく，極限支持力は大きくなる。

以上のような話を数学的に処理すると式 (8.2) になる。

8.2.4　そのほかの支持力の考え方

これまで支持力公式を紹介したが，もっと単純な方法がある。実際に，工事予定地に基礎を試作して載荷すれば，このような計算をしなくても直接計測できる。これを**載荷試験**という。大がかりでお金もかかるが，ダイレクトに支持力がわかるので精度は高い。

現在は，多くの支持力公式が提案されているので，興味があれば調べてほしい。

章　末　問　題

復　習　問　題

以下の空欄を埋めよ。特に指示がない場合は語句を書け（／で語句を並べているところは，その中から選択せよ）。

【1】　構造物を支えるためには基礎が必要であり，基礎が構造物を支える力を（①）という。基礎には，浅い基礎と深い基礎があり，浅い基礎の例として（②），（③），深い基礎の例として（④），（⑤）が挙げられる。浅い基礎は深い基礎よりも施工費用が（⑥高く／安く），軟弱層が（⑦厚い／薄い）地盤条件の場合に用いられる。

【2】　支持力には（① 語句と記号）と（② 語句と記号）がある。（①）は構造物を支えるぎりぎりの支持力である。しかし，ぎりぎりを狙ってつくると危ないので，（①）を（③ 語句と記号）で割って小さく見積もっておく。（②）が構造物を設計するときの目安となる支持力である。

【3】 浅い基礎は長大なものが多く，どこかで区切って考えたほうがよいので，支持力の単位は（① 記号）を用いる。深い基礎は，杭など 1 本ごとで考えたほうがよいので，支持力の単位は（② 記号）である。

【4】 深い基礎の支持力は（①）と（②）を足したものである。①については浅い基礎の考え方と同じである。

【5】 支持力を求めるためには，支持力公式を使って計算する方法と，（①）により計測する方法がある。支持力公式の中でも，（②）によって提唱された（②）の支持力理論が有名である。

［解答欄］

【1】	①	②	③	④
	⑤	⑥	⑦	
【2】	①	②	③	
【3】	①	②		
【4】	①	②		
【5】	①	②		

基 本 問 題

以下の問に答えよ。単位が必要な場合は必ず書け。なお，砂の粘着力は 0 kN/m^2 としてよい。

【1】 図 8.6 の浅い基礎について，以下の問に答えよ。

(1) 極限支持力 q_u を求めよ。

(2) 許容支持力 q_a を求めよ。安全率 $F_s = 3$ とする。

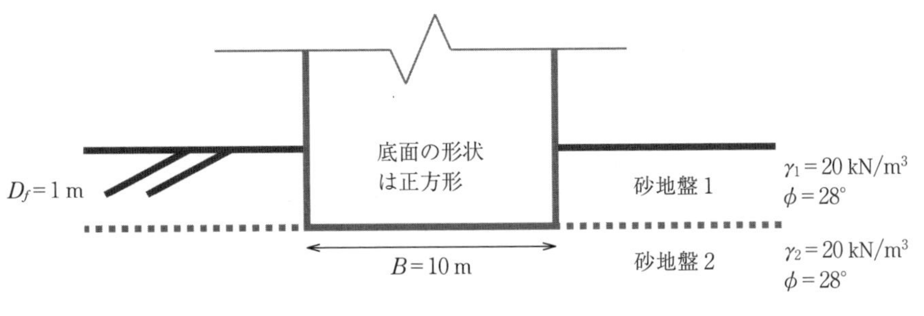

図 8.6

［解答欄］

【2】 図 8.7 の浅い基礎について，以下の問に答えよ。なお，地表面に地下水位が一致している。

(1) 極限支持力 q_u を求めよ。

(2) 許容支持力 q_a を求めよ。安全率 $F_s=3$ とする。

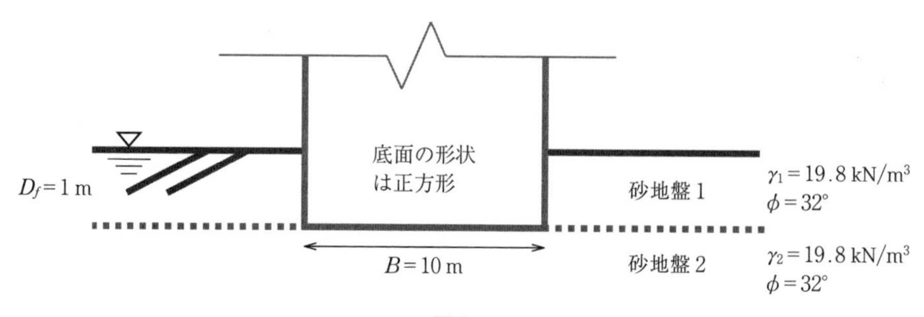

図 8.7

［解答欄］

【3】 図 8.8 の深い基礎（杭）について，以下の問に答えよ。

(1) 極限支持力 Q_u を求めよ。

(2) 許容支持力 Q_a を求めよ。安全率 $F_s=3$ とする。

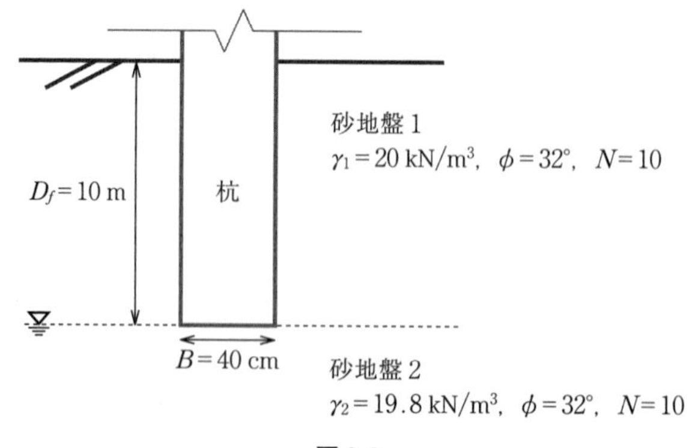

図 8.8

［解答欄］

難　　問

【1】 浅い基礎に関する極限支持力の式 (8.2) について，支持力係数 N_c と N_q を，それぞれ土の内部摩擦角 ϕ を用いて表せ。

$$q_u = \alpha c N_c + \gamma_1 D_f N_q + \beta \gamma_2 B N_\gamma \qquad \text{(8.2) 再掲載}$$

【2】 浅い基礎に関する極限支持力の式 (8.2) が与えられたとき，許容支持力が式 (8.3) になることを示せ。

$$q_a = \frac{1}{3}(\alpha c N_c + \gamma_1 D_f N_q^* + \beta \gamma_2 B N_\gamma) \qquad \text{(8.3) 再掲載}$$

公務員試験問題

地盤の支持力と基礎に関する記述について，それぞれ正誤を答えよ。［国家公務員試験　類題)］

ア．浅い基礎は直接基礎とも呼ばれ，その代表的なものに杭基礎がある。

イ．地盤がせん断破壊を生じるときの荷重を許容支持力という。

ウ．杭の許容支持力は，安全率を考慮して支持できる荷重の大きさを示している。

エ．杭の極限支持力は，杭の最大圧縮荷重と杭周面の摩擦力からなる。

参　考　文　献

本書はわかりやすさを優先した分，かなりの情報を省いている。そこで，本書執筆の際に著者が参考にした文献を列挙するので，興味があれば参考にしてほしい。「難問」を解くヒントもこれらの中に記載されている。なお，著者の独断と偏見による難易度も併記したので参考にしてほしい（本書の難易度を★一つとし，★が多いほど難易度が高い）。

1）　最上武雄 編著，土木学会 監修：土質力学（土木工学叢書），技報堂（1969）　★★★★★

1969 年発刊の名著で，本というよりも辞典に近い。非常に緻密に書かれており，昔の人の熱意や気迫が感じられる。

2）　近畿高校土木会 編：解いてわかる！土質力学，オーム社（2012）　★★

本書のつぎのステップに最適である。説明は最小限にまとめられており，演習がメインの問題集といえる。

3）　近藤　博，本間重雄，綿引恵一：土の力学，東海大学出版会（2001）　★★★

本書のつぎのステップに最適である。こちらは説明がメインの教科書で，本書で割愛したような内容が，ほどよい分量で記載されている。

4）　岡二三生：土質力学，朝倉書店（2003）　★★★★★

数学や物理を駆使する理論書であり，研究者向けといえる。本書でいうところの「難問」がベースとなって話が始まるイメージだ。

5）　石橋　勲，ハザリカ・ヘマンタ：土質力学の基礎とその応用，共立出版（2017）　★★★★

こちらも高度な教科書であり，理論と実務がバランスよく書かれている。本書で割愛したような内容が詳細に記載されている。

また，本書に掲載した公務員試験問題は以下の Web ページを参考にした（すべて 2021 年 2 月 19 日現在）。

6）　東京都職員採用　試験問題：https://www.saiyou2.metro.tokyo.lg.jp/pc/selection/answer/

7）　大阪府職員採用　試験問題：http://www.pref.osaka.lg.jp/jinji-i/saiyo/list8219.html

8）　人事院　国家公務員試験採用情報 NAVI　試験問題例：https://www.jinji.go.jp/saiyo/siken/mondairei/mondairei_top.html

索　　引

―― 著 者 略 歴 ――

2007年　京都大学工学部地球工学科卒業
2009年　京都大学大学院工学研究科修士課程修了（都市社会工学専攻）
2009年　新日鐵住金株式会社（現 日本製鉄株式会社）勤務
2017年　岐阜大学大学院工学研究科博士課程修了（生産開発システム工学専攻）
　　　　博士（工学）
2018年　東海大学助教
　　　　現在に至る

<著者の活動紹介>
公務員試験（土木系）を目指す方に向けた，著者によるオンラインサロン「公務員への道」（https://mezasekoumuin.sakura.ne.jp/）を2021年に開設。

書き込み式　はじめての土質力学
Elementary Soil Mechanics

2021年4月8日　初版第1刷発行　★

検印省略

著　者　藤原（ふじわら）　覚太（かくた）
発行者　株式会社　コロナ社
　　　　代表者　牛来真也
印刷所　新日本印刷株式会社
製本所　有限会社　愛千製本所

112-0011　東京都文京区千石 4-46-10
発行所　株式会社　コロナ社
CORONA PUBLISHING CO., LTD.
Tokyo Japan
振替 00140-8-14844・電話(03)3941-3131(代)
ホームページ　https://www.coronasha.co.jp

ISBN 978-4-339-05274-9　C3051　Printed in Japan　（新井）

水工・水理学分野

配本順		書名	著者	頁	本体
D－1	(第11回)	水理学	竹原幸生著	204	2600円
D－2	(第5回)	水文学	風間聡著	176	2200円
D－3	(第18回)	河川工学	竹林洋史著	200	2500円
D－4	(第14回)	沿岸域工学	川崎浩司著	218	2800円

土木計画学・交通工学分野

配本順		書名	著者	頁	本体
E－1	(第17回)	土木計画学	奥村誠著	204	2600円
E－2	(第20回)	都市・地域計画学	谷下雅義著	236	2700円
E－3	(第22回)	改訂交通計画学	金子雄一郎・有村幹治・石坂哲宏共著	236	3000円
E－4		景観工学	川﨑雅史・久保田善明共著		
E－5	(第16回)	空間情報学	須﨑純一・畑山満則共著	236	3000円
E－6	(第1回)	プロジェクトマネジメント	大津宏康著	186	2400円
E－7	(第15回)	公共事業評価のための経済学	石倉智樹・横松宗太共著	238	2900円

環境システム分野

配本順		書名	著者	頁	本体
F－1		水環境工学	長岡裕著		
F－2	(第8回)	大気環境工学	川上智規著	188	2400円
F－3		環境生態学	西村修・山田一裕・中野和典共著		
F－4		廃棄物管理学	島岡隆行・中山裕文共著		
F－5		環境法政策学	織朱實著		

定価は本体価格+税です。
定価は変更されることがありますのでご了承下さい。